Nina Dittmann, »Wachteln im Garten. Tipps zur Hobbyhaltung Japanischer Legewachteln«

www.edition-octopus.de

Fotos: Detlef Dittmann
Satz und Umschlaggestaltung: Bastian Dittmann
Druck und Einband: MV-Verlag

ISBN 978-3-95645-170-6

Wachteln im Garten

Tipps zur Hobbyhaltung Japanischer Legewachteln

von Nina Dittmann

Inhalt:

1. Warum gerade Wachteln?

Schon seit Jahrhunderten werden Wachteln als Haustiere gehalten, oftmals freilaufend in den Zimmern oder in speziell geschmückten Pavillons. In Europa fand man naturgemäß fast ausschließlich die heimische Wildform der Wachtel vor, und dabei insbesondere die Hähne mit ihrem besonderen Ruf. Sie dienten beispielsweise Handwerkern als Wecker. Der so genannte „Wachtelschlag" gab den Minihühnern auch ihren Namen:
Er ist schalldeutend und kommt vom althochdeutschen „quah-de-lah".

In den südlichen Ländern Europas und Nordafrika galten Wachteln und ihre Eier ursprünglich als besondere Delikatesse, waren aber gleichzeitig bei entsprechender Verfügbarkeit auch Grundnahrungsmittel für große Teile der Bevölkerung. Man findet sie auf alten ägyptischen Zeichnungen etwa seit dem Jahr 2000 vor Christus, denn neben Bier und Getreide ernährte ihr Fleisch die Arbeiter auf den Pyramidenbaustellen. Wachteln wurden den Göttern geopfert, und das Bild eines Kükens diente als Hieroglyphe für die Buchstaben W und U.

Auch in der Bibel im 2. Buch Moses werden sie als Nahrungsmittel erwähnt. Die Israeliten ernährten sich bei ihrem Auszug aus Ägypten unter anderem von Wachteln.

Wachteln gehören zur Familie der Hühnervögel und sind die einzigen Zugvögel unter ihnen. Die in Europa lebende Wildform verlässt im Herbst die nordeuropäischen Gefilde und verbringt den Winter in Nordafrika und den nördlichen Mittelmeerküsten. Lange Zeit waren die Tiere auf ihren Flügen in den Süden leichte Beute für Jäger und wurden mit Netzen exzessiv gefangen. Zu Millionen landeten sie während der Zugsaison als günstiges Nahrungsmittel auf den lokalen Märkten oder wurden als Delikatesse in die nordeuropäischen Länder reimportiert. Die Naturbestände wurden dadurch so heftig reduziert, dass die Europäische Wachtel heute auf der Liste der gefährdeten Arten steht und nur noch selten in freier Wildbahn anzutreffen ist.

Als ein profitables Exportgeschäft mit Wildfängen nicht mehr gegeben war, begann man etwa in den 50er Jahren in vielen Teilen der Welt Wachteln massenhaft unter künstlichen Bedingungen zu halten. Dafür griff man auf die Japanische Zuchtwachtel (Coturnix Coturnix Japonica) zurück, eine speziell auf hohe Legeleistung und Gewicht gezüchtete Wachtelart, die von der in Asien beheimateten Wildform abstammt. Bei den zum Verzehr angebotenen Wachteln und ihren Eiern handelt es sich auch heute noch fast ausschließlich um Japanische Legewachteln, die in den südlichen Ländern in großen Betrieben gezüchtet werden.

Als Haustiere dagegen werden Japanische Legewachteln insgesamt eher selten gehalten, dabei hätten sie es so verdient! Es lohnt sich aus so vielen Gründen, über die Haltung einiger dieser Minihühnchen im heimischen Garten nachzudenken, sei es als Ziervogel, als Eier- und/oder Fleischlieferant oder einfach nur als Haustier. Wachteln eignen sie hervorragend für Familien mit Kindern. Die Kleinen können bei Fütterung und Pflege unterstützen bzw. diese früh übernehmen und lernen auf einfache Art eine gewisse Nähe zur Natur kennen.

Dieses Buch ist als Leitfaden für alle diejenigen gedacht, die Wachteln zur Freude und in einer überschaubaren Anzahl halten möchten.

2. Häufig gestellte Fragen

Die Haltung gerade in sehr kleinen Gärten ist viel einfacher als vermutet. Allerdings sollte rechtzeitig vor der Anschaffung klar sein, ob die Wachteln eher als Nutztiere unter konstanten Lebensbedingen in einem Stall oder möglichst im Freien "nur" zur Freude ihrer Besitzer gehalten werden sollen. Beide Varianten sind legitim, eine naturnahe Haltung stellt aber natürlich wesentlich höhere Ansprüche an die Bestallung, die Anzahl und den Umgang mit den Tieren. Von den individuellen Vorstellungen ist vielleicht auch die Auswahl der Farbgebung des neuen Wachtelstammes abhängig.

Bin ich bereit, mich regelmäßig und für einen längeren Zeitraum mit der Pflege meiner Tiere zu binden?

Japanwachteln können zwischen 3 und 5 Jahre alt werden, sie legen die ersten Eier im zarten Alter von etwa 6-7 Wochen und erreichen 2-3 Wochen später ihre volle Legeleistung. Alle Wachtelarten haben einen kleinen Verdauungstrakt und nehmen daher immer wieder nur kleine Mengen Futter auf. Dieses sollte ihnen unbedingt regelmäßig zur Verfügung stehen, denn die aufgenommene Nahrung wird innerhalb von 1- 1,5 Stunden komplett umgesetzt, viel schneller als beispielsweise bei Hühnern.

Im Sommer ist der Pflegeaufwand auf den ersten Blick etwas höher als im Winter, da die Tiere wie die meisten Lebewesen bei Wärme wesentlich aktiver sind und der Stall häufiger gemistet werden muss. Auch entstehen durch die Wärme schneller unangenehme Gerüche. Im Winter muss regelmäßig dafür gesorgt werden, dass das Trinkwasser nicht einfriert, die Behausung den Witterungsbedingungen angepasst und ausreichend sauberer Einstreu vorhanden ist.

Brauche ich ganzjährig frische Wachteleier oder akzeptiere ich eine natürliche Legepause über mehrere Monate?

Bei einer Haltung unter gleich bleibenden Bedingungen (Einsatz von Kunstlicht und Heizung) können Japanwachteln im ersten Lebensjahr auf die stattliche Eierzahl von über 300 Stück kommen. Diese hohe "Schlagzahl" fordert jedoch ihren Tribut, schon im zweiten Jahr sinkt die Legeleistung erheblich. In gewerblichen Betrieben werden Hennen daher oft nach etwa 9 Monaten ununterbrochener Legetätigkeit ausgetauscht. In naturnaher Haltung, also ohne künstliche Licht- und Wärmeeinflüsse und damit abhängig von den jahreszeitlichen Witterungsverhältnissen, legen Japanwachteln über einen Zeitraum von 2-3 Jahren, stellen ihre Legetätigkeit im Herbst aber üblicherweise ein. Sie benötigen zur Eiproduktion etwa 14-16 Stunden Licht am Tag und eine Außentemperatur von etwa 15 Grad.

Nur während der langen Helligkeit werden ausreichend Hormone zur Eiproduktion (Photostimulation) gebildet und die Hennen haben genug Möglichkeit zur Nährstoffaufnahme. Werden die Tage kürzer, werden die Eier sukzessive weniger und bleiben schließlich ganz aus. Meist zeitgleich mit der Mauser im Herbst stellen die Hennen ihre Legetätigkeit für die nächsten etwa 5 Monate ein. Im nächsten Frühjahr dann wird zunächst wieder das Federkleid gewechselt und scheinbar auf Kommando kommen die ersten "neuen" Eier. Sollte man also auch im Herbst und Winter nicht auf frische Wachteleier verzichten wollen, bietet sich eine Haltung in einem Stall oder einer anderen festen Behausung an, in dem die Licht- und Wärmeverhältnisse künstlich gesteuert werden.

Wie viele Tiere "passen" in einen kleinen Garten?

Die Anzahl der Tiere ist abhängig von den örtlichen Begebenheiten. Als minimale Grundfläche sollten für 4-5 Tiere mindestens 1,5 - 2qm berechnet werden, um ihnen eine gewisse Bewegungsfreiheit zuzugestehen. Wir haben unsere Hobbyhaltung im Reihenhausgarten mit drei Hennen begonnen und empfanden es als gelungenen Einstieg. Zuverlässig bekamen wir beinahe täglich 3 Eier zum Eigenverbrauch. Die Hennen durften frei im Garten nach Insekten und Samen suchen und Groß und Klein hatten und haben Vergnügen an und mit unseren Haustieren.

Benötigen meine Hennen einen Hahn?

Möchte man nicht züchten, empfiehlt es sich, die Hennen ohne Hahn zu halten. Es herrscht insgesamt mehr Ruhe im Gehege. Bei passenden Haltungsbedingungen kommt ein Hahn sehr oft und gerne seiner biologischen Bestimmung nach, was teils empfindliche Spuren im Nacken der Hennen hinterlässt. Sie bekommen oft sogar eine kahle Stelle im Gefieder, die so genannte "Hennenglatze". Es kommt auch vor, dass allzu temperamentvolle Männchen ungeliebten Weibchen teils erhebliche Verletzungen zufügen. Im Gegensatz zu Hühnern übernehmen Wachtelhähne auch keine Wach- oder Fürsorgeaufgaben für die Schar. Soll dennoch ein Männchen die Damen "beglücken", rechnet man pro Hahn 3-5 Hennen. Weniger sollten es aus genannten Gründen nicht sein. Bei einer zu großen Anzahl von Hennen andererseits geht die Befruchtungsrate gewünschter Bruteier zurück.

Woher bekommt man Jungtiere oder Bruteier?

Jungtiere meist im Alter von sechs bis sieben Wochen kann man beim Züchter oder auf Viehmärkten in der Umgebung kaufen. Für Informationen zu regionalen Bezugsquellen bietet sich die Nachfrage bei örtlichen Geflügelzüchtervereinen oder ein Blick in die Tiermarkt-Kleinanzeigen im Internet bzw. der Zeitung an.

Beim Tierkauf sollte man darauf achten, dass die Augen der Tiere klar sind und die Kloake nicht verschmutzt ist. Auch ist das Verhalten der Tiere entscheidend. Wachteln, die über einen längeren Zeitraum teilnahmslos in einer Ecke sitzen, sollte man tunlichst nicht kaufen, sie könnten Probleme in den Gelenken oder innere Krankheiten haben. Vorsicht auch bei erkennbar ängstlichen Tieren! Sie sind erfahrungsgemäß auch nach der Eingewöhnungsphase schreckhaft und reagieren auf kleinste Störungen mit ausgeprägtem Fluchtverhalten. Die Verletzungsgefahr ist groß und die Freude an den neuen Haustieren wesentlich getrübt.

Beim Kauf von jungen Hennen ist zu beachten, dass durch den Transportstress in der Regel eine Legeverzögerung von 2-3 Wochen eintritt. Auch bereits legende Hennen halten eine Pause bis sie sich an ihre neue Umgebung gewöhnt haben.

Möchte man die Hobbyhaltung mit Küken beginnen, sollten sie ein Alter von mindestens drei Tagen haben. Jüngere Küken sind zu empfindlich und wärmebedürftig, ihre Überlebenschancen sinken durch den Transportstress und eventuelle Temperaturschwankungen unterwegs erheblich.

Gesunde Wachtelküken erkennt man schnell. Sie laufen schon nach zwei bis drei Tagen auf der Suche nach Futter in der Box herum, erkunden neugierig jeden Winkel und kommunizieren beinahe ununterbrochen mit ihren Artgenossen.

Kranke oder schwache Küken dagegen stehen oft mit geschlossenen Augen steif auf ihren dünnen Beinchen und bewegen ruckartig den Kopf, als würden sie etwas erschnuppern wollen.

Bei fortschreitender Schwäche kippen sie auch aus der Sitzposition heraus häufiger um und müssen sich mit enormer Kraftanstrengungen wieder auf den Bauch drehen. Ein kritischer Blick ist also nötig, um späteren Verlusten entgegenzuwirken.

Wer über einen Brutapparat verfügt, kann den Stamm auch selbst ziehen. Bruteier werden sogar mit der Post verschickt. Im Internet finden sich viele Bezugsquellen. Allerdings haben wir bei versandten Bruteiern häufiger die Erfahrung gemacht, dass die Schlupfrate teilweise gering ist, wahrscheinlich bedingt durch Unwägbarkeiten beim Transport.

Was sagen meine Nachbarn zu den neuen Mitbewohnern?

Wachtelhennen sind verhältnismäßig leise und lassen nur feine Piepslaute in unterschiedlichen Tonlagen hören, der Ruf des Hahnes hingegen kann je nach Charakter laut und ausdauernd sein. In lärmsensiblen Gegenden also lieber auf einen Hahn verzichten.

Kann ich denn unbesorgt einige Tage in den Urlaub fahren?

Man kann unbesorgt einige Tage wegfahren, sofern man die Wachteln mit einem Futterautomaten und einer Stülptränke versorgt. Beides gibt es kostengünstig im Fachhandel. Eine Urlaubsbetreuung aus dem Verwandten- oder Freundeskreis lässt sich oftmals recht gut organisieren, da eine vorübergehende Pflege nicht schwer ist. Vor der Abfahrt sollte der Stall nochmal gründlich gereinigt werden, danach genügt es für eine begrenzte Zeit, das Wasser zu wechseln und den Futterspender zu füllen.

3. Arten und Farbschläge

Wachteln gibt es in über 40 Rassen in vielen gemäßigten und wärmeren Klimazonen auf der ganzen Welt. Zwischen der europäischen Atlantikküste, dem asiatischen Raum, dem nordwestlichen und südlichen Afrika sowie Amerika sind sie die kleinsten Vertreter der Ordnung Hühnervögel (Galliformes). Sie gehören zur Familie der Fasanenartigen (Phansianidae) und der Gattung Erdwachteln (Coturnix).

Die bei uns heimischen Wachteln haben eine Größe von 15-20 cm und ein Gewicht von 90–110 Gramm. Ihr volkstümlicher Name ist Wiesenschnarrer oder Wiesenknarrer. Sie leben in freier Natur in Graslandschaften meist im Verborgenen. Ihre Nester bauen sie in flachen Kuhlen, in die 7-14 Eier gelegt werden. Die Jungen schlüpfen nach 17 Tagen. Wildlebende Wachteln ernähren sich von Samen und kleinen Insekten. Aufgrund der extremen Jagd sind sie in freier Wildbahn jedoch nur noch sehr selten anzutreffen und stehen auf der Liste der bedrohten Arten.

Die Japanische Legewachtel wurde seit ca. 100 Jahren aus der ostasiatischen Urform der Wachtel gezüchtet. Diese ist beheimatet in Japan, Korea und den angrenzenden asiatischen Ländern. Der Schlag dieser Wachtel unterscheidet sich deutlich von dem der europäischen Wachtel. Er klingt etwa wie ein "Qua Grrr", teilweise sehr laut und schrill.

In Japan sind Wachteln seit jeher ein populäres Nahrungsmittel, es gibt "Wachtelrestaurants" und viele Rezepte in der japanischen Küche. In Europa werden insbesondere in den südeuropäischen Ländern große Farmen mit Wachteln zur Eier- und Fleischproduktion betrieben. Besonders zu nennen sind Frankreich, Italien und Spanien.

In der professionellen Wachtelhaltung unterscheidet man die Japanwachteln in drei Zuchtrichtungen:

◦ **Leichte Linie**
Bezeichnet die ursprüngliche Legewachtel mit einem Körpergewicht von 110 -150 Gramm und einer hohen Legeleistung (ca. 300 Eier/Jahr).
Die kleinen, schlanken Tiere wurden häufig als Versuchstiere in Laboren gehalten oder zu Forschungszwecken, beispielsweise in der Raumfahrt, eingesetzt. Heutzutage sind Wachteln der leichten Linie eine eher seltene Züchtung.

◦ **Mittelschwere Linie**
Bezeichnet die heute gängigste Zuchtform der Japanwachtel, die Mast- und Legewachtel mit einem Gewicht von 160 -200 Gramm, manchmal auch bis zu 250 Gramm. Auch sie zeichnet eine sehr hohe Legeleistung aus.

◦ **Fleischwachtel**
Bezeichnet eine reine Mastwachtel mit einem Gewicht von 300 – 400 Gramm. Fleischwachteln sind nicht so robust ist wie ihre leichteren Verwandten.

Japanwachteln der mittelschweren Linie haben eine Größe von ca. 20cm, die Hennen sind etwas größer als die Hähne. Ihr Körperbau ist rund, die Schnäbel sind kurz und gebogen. Die Geschlechter haben eine unterschiedliche Zeichnung. Insbesondere an Brust und Kopf lassen sich Männchen und Weibchen gut unterscheiden. Die Männchen der Japanwachtel haben einen braun gefärbten und ungesprenkelten Kopf- und Brustbereich, während die Weibchen einheitlich gesprenkelt sind.

Das Züchten neuer Farbschläge bot in den vergangenen Jahren insbesondere Hobbyzüchtern große Herausforderungen. Zwar gibt es (noch) keine festgelegten Klassifizierungen, aber es bildeten sich viele verschiedene Farbvarianten heraus, die in Züchterkreisen teils sehr unterschiedliche Bezeichnungen haben. Unsere Erfahrung hat jedoch gezeigt, dass die Gemeinschaftshaltung unterschiedlicher Farbschläge zu vermehrten Rivalitäten führte. Insbesondere weiße Wachteln wurden attackiert. Als gängigste Farbschläge seien folgende Zuchtvarianten genannt:

Goldsprenkel

Die Goldsprenkel-Wachtel kommt am häufigsten vor. Sie ist heller und/oder goldfarbener als die Wildform und wird auch Isabell, Hell oder Geperlt genannt.

Schecken

Man unterscheidet zwischen Hell- und Dunkelschecken. Hellschecken sind weiß mit vereinzelten farbigen Federpartien am Rücken, am Kopf oder an den Flügeln. Bei Dunkelschecken verhält es sich andersherum.

Weiß

Weiße Wachteln werden häufig in gewerblichen Betrieben gehalten, da die Haut etwas heller ist und damit vermeintlich appetitlicher aussieht, außerdem fallen nach dem Rupfen verbliebene kleine Federn nicht so auf. In der Hobbyzucht stellen rein weiße Wachteln eine züchterische Herausforderung dar, denn meist haben sie doch eine einzelne dunkle Feder im Gefieder und gehören zur Gruppe der Schecken (Hellschecken).

Albinos kommen ebenfalls vor. Sie haben im Gegensatz zu den gezüchteten weißen Farbschlägen kein Melanin (Farbpigmente für die Federn) im Erbgut und daher "richtig" weiße Federn. Bei den Weißen ist das Melanin vorhanden, es kommt durch eine genetische Veränderung nur nicht zur Ausprägung. Die Federn sind eigentlich farblos, erscheinen jedoch durch die Reflexion des Lichtes weiß. Albinos unter den Wachteln haben im Gegensatz zu vielen anderen Tierarten keine roten sondern braune Augen. Charakteristisch sind mehr oder weniger ausgeprägte Sehschwächen und Lichtempfindlichkeiten, so dass Albino-Küken in einer normalen Aufzucht erheblich weniger Überlebenschancen haben.

Silber

Silberne Wachteln haben ein silbrig bis fast weißes Gefieder, unterscheiden sich von ihren weißen Artgenossen allerdings durch einen dunklen Schnabel.

Tenebrosus/Dunkel

Wachteln dieses Farbschlags haben ein dunkles Gefieder, bei Dunkelschecken - wie der Name schon vermuten lässt - mit größeren farbigen Federpartien bei dunklem Grundgefieder.

Und natürlich der Vollständigkeit halber die Wildfarbenen

Die ursprüngliche Form war ihrer Tarnung wegen unauffällig gelb-braun mit einem beigen Streifen über den Augen. Nach meiner Erfahrung sind diese Wachteln etwas scheuer als ihre andersfarbigen Artgenossen.

4. Haltungsformen

Haltung im Wohnbereich

Von der Haltung im Wohnbereich rate ich ab. Gelinde gesagt stinkt es in geschlossenen Räumen recht schnell, auch bei guter Lüftung und häufiger Reinigung der Behausung. Sogar Küken haben nach ca. 2-3 Wochen einen markanten Eigengeruch, der sich schnell in der gesamten Wohnung oder im Haus verbreitet. Einstreu, Kot und kleine Federn werden durch wohlige oder auch schreckhafte Flügelschläge so schnell und gründlich verteilt, dass man mit der Reinigung kaum hinterher kommt und das Zimmer schnell einstaubt. Auf Dauer ist dieser Vogelstaub sicherlich nicht gesundheitsfördernd für den Menschen.

In der Voliere

Im Freien benötigen Wachteln unbedingt einen durch Zäune oder andere Barrieren begrenzten Auslauf, anders als Hühner. Trotz der gezielten Züchtung zum Nutztier sind sie noch nicht so weit domestiziert und kehren bei Anbruch der Dunkelheit nicht automatisch in ihren Stall zurück. Sie sind nachts nicht gegen Feinde geschützt. Und auch wenn die Wachteln eigentlich sehr zahm sind, verstecken sie sich gerne unter Büschen und Pflanzen und sind auch tagsüber freilaufend kaum zu sehen.

Sind sie jedoch an den Menschen gewöhnt und nicht von Natur aus schreckhaft, spricht nichts dagegen, ihnen unter Aufsicht regelmäßig kleine Ausflüge im Garten zu gönnen.

Für die Ganzjahreshaltung an einem festen Platz ist die Voliere wohl die artgerechteste Haltungsform. Kleine Grundstücke bieten allerdings häufig keine Möglichkeit für große Volierenanlagen, in bereits angelegten Gärten findet sich oftmals nur eine relativ kleine Ecke, die für eine Wachtelhaltung in Frage kommt. Hier ist Improvisationstalent und Ideenreichtum gefragt: Wie kann ich die Begebenheiten in meinem Garten so sinnvoll gestalten, dass mein neuer Wachtelstamm sich dort wohlfühlt, das Grundstück optisch aber nicht durch einen überdimensionalen Vogelkäfig bestimmt wird?

Optimal steht die neue Wachtelbehausung im lichten Halbschatten zwischen Buschwerk oder unter Bäumen, denn dieser Bereich kommt den natürlichen Lebensbedingungen am nächsten. Sie kann aber auch angelehnt sein an ein Gartenhaus oder an eine Hauswand, dann ist zumindest ein Teil des Stalls bereits gut gegen Witterungseinflüsse geschützt.

In unserem überschaubaren Reihenhausgarten nahmen wir zum Bau einer Aufzuchtvoliere eine standardmäßig lieferbare Dachverlängerung für unser bereits vorhandenes Holzgartenhäuschen, nutzten so eine bereits bebaute Ecke und konstruierten uns lediglich passende Seitenteile. Die neue Behausung fügt sich gut in den Garten ein.

Bei einer Neuanlage sollte zunächst ein Fundament gelegt werden, damit sich Raub- oder Nagetiere nicht unter den Wänden hindurch graben können, und der Stall sich im Laufe der Zeit nicht durch Witterungseinflüsse verzieht. Auf Höhe der Außenwände werden kleine Backsteine etwa 10 cm tief eingegraben, imprägnierte Holzbohlen eingelassen oder aber kleine Betonfundamente in einer Verschalung gegossen. In marder- oder fuchsgefährdeten Gebieten empfiehlt es sich außerdem, Maschendraht rund um das Fundament in den Boden einzulassen.

Die Voliere sollte so geplant werden, dass sie gegen Wind und Niederschläge geschützt und komplett überdacht ist. Mindestens zwei Seiten sollten geschlossen sein. Nach unserer Erfahrung nutzen Wachteln auch bei Starkregen und Gewittern nicht unbedingt bereitgestellte Schutzhütten, sondern sitzen im wahrsten Sinne des Wortes "im Regen". Feuchtigkeit im Innenraum fördert ganz erheblich die Geruchsbildung, außerdem entsteht ein ideales Klima für Parasiten und Würmer, die wiederum ernsthafte Krankheiten auslösen können.

Wichtig ist auch, dass das Wachtelhaus von allen Seiten leicht zugänglich ist und mit wenig Aufwand gesäubert werden kann. Erfahrungsgemäß werden Eier immer wieder außerhalb bereitgestellter Nester gelegt, und es erfordert einige Geschicklichkeit, sie aus einer versteckten Ecke zu klauben. Man sollte also einen übersichtlichen Grundriss und eher ein zusätzliches Türchen einplanen.

Die Seitenteile müssen zum Schutz vor Feinden oder auch kleineren Nagetieren fest mit feinmaschig verzinktem Draht versehen sein, möglichst in der Maschengröße 12x12 mm. Zu engmaschig darf der Maschendraht nicht sein, denn Wachteln laufen oft und gern die Wände ihrer Behausung ab. Bei zu engem Drahtgeflecht können sie sich mit dem Schnabel verfangen und ernste Verletzungen zuziehen. Zu große Maschen dagegen (wie etwa ein Kaninchendraht) geben Mäusen oder Ratten gute Chancen, sich dauerhaft am Futter zu bedienen. Die Wachteln empfinden solche ungebetenen Gäste oft als Bedrohung und reagieren mit Panik, außerdem sind Ratten und Mäuse Überträger von Krankheiten. Den Draht kauft man am besten auf Rollen in Baumärkten und fasst ihn mit einem einfachen Holzrahmen ein.

Die Innengestaltung der Voliere

Japanwachteln sind reine Bodenvögel, sie brauchen keine Sitzstangen und benutzen nur in Ausnahmefällen angebotene Treppen oder (Hühner-)Leitern in höhere Ebenen. Sie werden artgerecht am einfachsten auf verfestigtem, gewachsenem Boden gehalten. Hier können sie nach Herzenslust picken, scharren, Staubbäder nehmen und Bodennester bauen. Die Reinigung der Voliere erfolgt durch Abkratzen der obersten Bodenschicht mit einem Handrechen. Dann und wann ersetzt eine Schaufel frische Garten- oder Walderde die abgetragenen Schichten. Die Wachteln stürzen sich sofort mit Eifer auf den frischen Boden und suchen emsig nach Leckerbissen. Ein Festmahl und eine gern angenommene Abwechslung!

Ein Holz- oder Betonboden in der Voliere ist ebenfalls geeignet, sollte zur Vermeidung von Geruchsbildung allerdings 2-3cm hoch mit Einstreu versehen sein. Als Streu eignen sich geschreddertes Holz, Hobelspäne, klassischer Kleintiereinstreu oder Leinenstreu aus der Pferdehaltung. Weniger geeignet sind Stroh (geringe Feuchtigkeitsaufnahme) und Heu, das erfahrungsgemäß sehr staubt. Wir verwenden seit Jahren den genannten Leinen- oder auch Hanfstreu, da die Feuchtigkeitsbindung bei diesem Naturprodukt besonders hoch ist. Der Kot trocknet schnell und kann leicht abgehoben werden.

Wachteln klettern gern über Anhöhen und unterschiedliche Ebenen. Man sollte also kleine Steine, Holzstücken oder z.B. Korkrinden in den Innenraum integrieren. Auch Pflanzen bereichern die Behausung. Manchmal können bereits vorhandene kleine Sträucher oder Grünflächen einfach umbaut und genutzt werden, so ergibt sich ein harmonisches Gesamtbild im Garten. Soll der Innenraum nachträglich bepflanzt werden, eignen sich Farne oder Heidekraut, kleine Beerensträucher (Himbeeren, Brombeeren, Heidelbeeren) oder ungiftige Nadelbüsche. Auf Kunstböden leisten ausgestochene Grasbüschel oder Mooskissen gute Dienste.

Bei vielen Tieren auf engem Raum und einer damit verbundenen hohen Kotproduktion kann über einen Drahtboden nachgedacht werden, was in den Augen eines Hobbyhalters natürlich zunächst gewöhnungsbedürftig ist. Die Tiere scheint eine Haltung auf Draht offenbar nicht zu stören, denn dadurch werden Kotballen an den Läufen entfernt, die sie massiv beeinträchtigen. Bei einer größeren Tierdichte ist beispielsweise ein Stück Drahtboden rund um die Tränke und/oder das Futter denkbar, der Rest der Voliere wird mit gewachsenem Boden und/oder Einstreu versehen.

Wichtig bei der Gestaltung des Volliereninnenraums sind Ruhezonen und Legenester. Auch bei einer kleineren Anzahl Tiere sollten mehrere solcher Ruhezonen eingerichtet werden, da es sonst selbst zwischen eigentlich friedfertigen Hennen zu Reibereien und Revierkämpfen kommen kann. Finden sich ausreichend geeignete Legenester, werden die Eier bevorzugt in diese Nester gelegt und so genannte Streueier minimiert. Als Legenester eignen sich einfache Holzkisten mit ausgesägtem Eingang oder im Fachhandel angebotene Kleintierhäuser.

Das Legenest polstert man mit Einstreu und eventuell einigen Ästen und Zweigen. Besonders beliebt sind Tannen- oder Kiefernzweige, von denen nach und nach die Nadeln abgepickt werden.

Gern angenommen wird auch eine Kunststoffwanne mit feinem Sand, etwa Vogelsand aus dem Fachhandel oder Sandkastensand für Kinder. Sehr oft und gerne, teils über lange Zeit und auch gemeinschaftlich nehmen Wachteln Sandbäder. Es steigert ihr Wohlbefinden, das Gefieder wird gereinigt und im Sommer verschafft der Sand Kühlung bei Hitze. Die wenigen Plätze in der Schale sind heiß begehrt!

Wichtig ist eine erhöhte Positionierung der Tränke auf Backsteinen oder einem Stück Schiefer. Durch emsiges Hin- und Herlaufen und Scharren verunreinigt das bereitgestellte Wasser anderenfalls zu schnell. Alternativ kann die Tränke auch in einer Ecke an die Volierendecke gehängt werden mit einigen Zentimetern Abstand zum Boden.

Gatterhaltung

Im Hochsommer oder in Abwechslung zur Voliere während einer Schönwetterphase lassen sich Wachteln gut in einem Gatter halten. Die Tiere sind in dieser Haltungsform so naturnah wie möglich untergebracht und verfügen über ein abwechslungsreiches Stück Boden, auf dem sie emsig nach Ameisen und anderen Kleintieren suchen und einige Blättchen Grünes picken. Ist die Fläche verunreinigt, wird das Gatter um einige Meter verschoben. Regelmäßiges Ausmisten entfällt, allerdings sollte die zur Verfügung stehende Rasenfläche insgesamt ausreichend groß sein, damit nicht binnen kürzester Zeit der Dung überall auf der Wiese verteilt ist und der Garten für die Familie nicht mehr uneingeschränkt nutzbar ist. Die Kotproduktion der kleinen Hühnchen ist wie schon beschrieben nicht zu unterschätzen!
Für den Bau eines Gatters gelten die gleichen Prinzipien wie für den Volierenbau: Überdachung und sichere Seitenteile, denn gerade eine freie Haltung auf einer Wiese bedingt, dass die Tiere ausreichend gegen Angriffe von außen geschützt werden müssen.

Stallhaltung

Ein fester Stall ist witterungsunabhängiger als eine Voliere und damit für eine intensive Haltung geeignet. Da Wachteln nur bei einer täglichen Helligkeit von ca. 16 Stunden und einer Mindesttemperatur von ca. 12 bis 15 Grad regelmäßig legen, kann die Legeperiode in einem Stall durch künstliches Licht und ggf. Heizen verlängert werden. Hierbei reicht übrigens eine kleine Glühbirne, die morgens und/oder abends für einige Stunden angeschaltet wird. Sind dann noch Legekästen bzw. Ruheplätze und Sandbad vorhanden, fühlen sich die Wachteln auch in einem Stall wohl.

Die Haltung in Kaninchenställen mit glatten Kunststoffwannen ist für adulte Tiere dagegen gänzlich ungeeignet. Auch mit einer dicken Schicht Einstreu rutschen die Wachteln häufig aus, sie bewegen sich erheblich weniger und werden lethargisch. Die Gelenke leiden und die Tiere fangen oftmals sogar auf ihren wenigen Schritten zwischen Futter- und Ruheplatz an zu hinken. Bei den industriell gefertigten Ställen mit Wannen und Gittern reicht die Deckenhöhe für eine artgerechte Haltung nicht aus, die Tiere können oft nicht einmal einen kleinen Satz in die Höhe machen. Zudem sind die Gitterstäbe ungeeignet, die Wachteln können sich darin verfangen.

Kombihaltung

In einem kleinen Mehrnutzungsgarten bietet sich am besten die Kombihaltung zwischen Gatter und geschütztem Winterquartier an. Wir halten unsere Wachteln in den kalten Monaten in einem Gewächshaus. Sind die Beete dort abgeerntet, ziehen die Wachtelnester und mit ihnen die Bewohner ein. Unsere Tiere können so auch noch bei Schnee und Eis geschützt durch die Plexiglaswände auf dem Boden scharren, picken und Nester bauen. Der Boden im Gewächshaus wird auf natürliche Weise gedüngt und ist nach entsprechender Bearbeitung im zeitigen Frühjahr wieder für neue Anpflanzungen bereit. Unsere Wachteln fühlten sich dort so wohl, dass sie uns sogar bei klirrendem Dauerfrost und ohne künstliche Beleuchtung mit Eiern bedachten. Werden die Tage dann (endlich) wieder frühlingshaft, zieht die Schar zurück in ihr Gatter. Auch ein Umzug in einen Keller mit Tageslicht oder eine beleuchtete Garage ist möglich. Hierbei muss man jedoch darauf achten, dass die Temperaturunterschiede beim Umsetzen nicht zu groß sind, um den Umzugsstress nicht noch weiter zu erhöhen.

Gemeinschaftshaltung mit anderen Tieren

Die Haltung mit anderen Vogelarten ist grundsätzlich unproblematisch, so dass Wachteln auch in bereits bestehende Vogelvolieren aufgenommen werden können. Problematisch ist die Gemeinschaftshaltung nur, wenn gezüchtet werden soll. Es fehlt den Hennen die Ruhe zum Brüten. Eine Haltung mit anderen Kleintieren, wie z.B. Kaninchen, funktioniert nach allgemeiner Erfahrung nicht. Die Wachteln sehen den Mitbewohner als natürlichen Feind an und werden innerhalb kürzester Zeit schreckhaft und ängstlich. Durch Revierverteidigungen kann es zu schweren Verletzungen oder gar zu Todesfällen kommen.

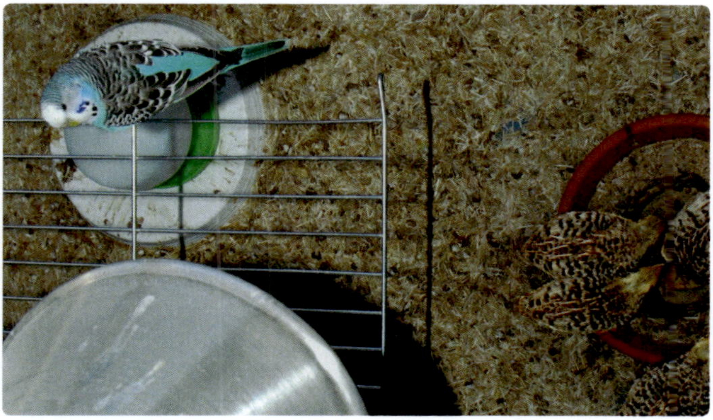

Besonderheiten im Winter

Wie bereits erwähnt, überstehen Wachteln auch Dauerfrost bis zu ca. -15 Grad schadlos und scheinen sich auch in einem langen, harten Winter nicht unwohl zu fühlen, wie wir immer wieder feststellen konnten. Sie plustern sich auf, sehen aus wie kleine Federbälle, kuscheln sich eng aneinander und wärmen sich gegenseitig. Sie bewegen sich (wie wohl alle Lebewesen bei widrigen Bedingungen) wenig und verlassen das Nest tagsüber lediglich zur Nahrungsaufnahme. Zeigt sich aber ein winterlicher Sonnenstrahl oder gibt es eine milde Wetterphase, wird der Stall sofort wieder erkundet.
Voraussetzung für eine Überwinterung ist unbedingt ein in die Behausung integrierter Schutzraum, der kalten Wind und Niederschläge sicher abhält. Der Schutzraum muss mit einer dicken Schicht Einstreu versehen sein, in der sich die Tiere ihre Ruhezonen einrichten können. Wichtig ist weiterhin darauf zu achten, dass die Tränke nicht einfriert. Sollte ein entsprechend häufiger Wasserwechsel nicht möglich sein, kann man über den Fachhandel oder das Internet industriell angefertigte Tränkenwärmer beziehen.

Aber auch hier ist Ideenreichtum gefragt: Wir verwenden bei Dauerfrost einen Babytellerwärmer mit Akkufunktion. Diese Warmhalteplatte installieren wir entweder direkt mit Stromverbindung im Stall oder laden die Wärmeplatte bei vereinzelten Frösten im Haus auf und setzen sie bei Bedarf unter die Tränke.

Interessant ist zu beobachten, dass Wachteln offenbar auch bei strengem Nachtfrost lieber außerhalb der Schutzhütte übernachten. Dieses Verhalten ist vermutlich noch ein Erbe ihrer wildlebenden Vorfahren, denn so ist ein Fluchtweg offen. Zum Wohle der Tiere ist es daher sinnvoll, eine erkennbare Lieblingsecke außerhalb der Schutzhütte mit einer dicken Schicht Einstreu zu versehen und die Seitenwände der Behausung zu isolieren.

Thema Vogelmist

Es ist nicht zu unterschätzen, wie viel Kot durch die kleinen Hühnchen produziert wird! Gerade feuchter Mist kann zu einer geruchsintensiven Belastung in Gebieten mit engerer Bebauung werden. Die Ablagerung auf einem Komposthaufen ist trotz der bekanntlich guten Eignung nur in kleineren Mengen anzuraten, gerade im Frühjahr oder im Herbst kann es anderenfalls aus der Ecke heraus empfindlich ausdünsten. Zu viel Einstreu im Komposthaufen führt dazu, dass dieser austrocknet und die Abfälle sich schlecht oder gar nicht umsetzen. Direkte Verwendung des Vogelmistes auf Gemüsebeeten bietet sich ebenfalls nur in sehr überschaubaren Mengen an, da schnell eine Überdüngung und damit eine Störung des biologischen Gleichgewichts erfolgen kann. Bei enger besiedelten Gebieten mit kleinen Gärten ist es am einfachsten, den Einstreu in der Biotonne zu entsorgen.

5. Futter

Auf das Futter sollte ein besonderes Augenmerk gerichtet werden, eine ausgewogene, abwechslungsreiche Ernährung ist für die Vitalität der Tiere unerlässlich.

Grundfutter

Basis bildet ein Fertigfutter aus Pellets oder eine Mischung aus geschroteten Körnern mit Zusätzen. Das Grundfutter sollte den Wachteln ständig zur Verfügung stehen, denn die Nahrungsaufnahme erfolgt in kleinen Etappen über den ganzen Tag verteilt.

Der Rohproteingehalt des angebotenen Futters spielt eine erhebliche Rolle. Als Rohprotein wird allgemein der Eiweißgehalt angegeben. Wachtelhennen in der Legephase reagieren sehr empfindlich auf einen falschen Rohproteingehalt. Ist er zu gering, werden die Eier mit der Zeit kleiner und die Legeleistung sinkt, ist er zu hoch, werden die Eier größer und größer, es entstehen Doppeleier und schließlich wird auch hier die Legetätigkeit reduziert. Die Hennen neigen zur Verfettung, außerdem tritt häufiger Durchfall auf. Das Grundfutter sollte bei adulten Wachteln einen Rohproteingehalt von 17–18% haben. Am einfachsten ist es als Fertigmischung in einigen Futtergroßhandlungen oder über das Internet zu beziehen. Diese Mischungen verfügen über alle benötigten Stoffe für eine optimale Nährstoffversorgung.

Für selbstgemischtes Futter (adulte Tiere) nehme ich:

- 20% Maisschrot
- 30% Weizenschrot
- 10% Erbsenschrot
- 35% Legehennenfutter
- 5% Mineralzusatz

Bei selbstgemischtem Futter bietet sich die Zugabe von Vogelmineralien aus dem Fachhandel an. Hierin sind alle benötigten Nährstoffe und vor allem Kalzium enthalten, das die Tiere zur Vorbeugung gegen Mangelerscheinungen und zur kontinuierlichen Eierproduktion während der Legephase benötigen. Einen Kalziummangel erkennt man leicht an dünnschaligen Eiern. Dem kann neben dem Zusetzen von Futterkalk entgegengetreten werden, indem zerriebene Eierschalen unter das Futter gemischt werden.

Oft wird reines Legemehl für Hühner verfüttert. Es unterstützt wesentlich die Legetätigkeit, die Hennen produzieren "Eier wie am Fließband". Eine Fütterung mit Legemehl kann während der Sommermonate sinnvoll sein, wenn ständig frische Eier zur Verfügung stehen sollen. Allerdings sollte das Legemehl zusätzlich mit den genannten Vogelmineralien gemischt werden, damit die Zusammensetzung den Bedürfnissen von Wachteln entspricht. Für die Legepause im Winter empfiehlt sich eine Streckung des Legemehls mit dem genannten Schrot oder aber ein kompletter Wechsel auf Wachtelalleinfutter bzw. Exoten- oder Waldvogelfutter und Kleinsämereien wie Hirse, Mohn oder Futterhanf.

Es muss darauf geachtet werden, dass ein Futterwechsel nicht zu schnell vorgenommen wird, denn Wachteln sind "Gewohnheitstiere" und fressen über längere Zeit hinweg nur die ihnen bekannte Futterform. Auch die leckersten Körner werden verschmäht, wenn die Wachtel sie nicht kennt.

Grünfutter

Neben dem Grundfutter freuen sich die Wachteln über Grünfutter. Die Vitamine fördern Vitalität und Gesundheit der Tiere, gleichzeitig sorgt das Chlorophyl in den Pflanzenteilen für einen satten Farbton des Eigelbs. Spiegeleier zum Beispiel sehen aus wie aus dem Bilderbuch, und das Auge isst ja bekanntlich mit!

Zur Fütterung hervorragend geeignet sind dabei u.a. folgende, natürlich ungespritzte Pflanzen:
Klee, Löwenzahn, Vogelmiere, Brennnessel, Radieschen- und Kohlblätter sowie in Maßen reifes Obst der heimischen Saison (Himbeeren, Erdbeeren, Johannisbeeren oder Kirschen). Gerne werden auch kleingeriebene Äpfel, Zucchini und Karotten gefressen.

Grünfutter sollte insgesamt sparsam gegeben werden. Es sollte stets darauf geachtet werden, dass Futterreste nicht tagelang im Stall herumliegen. Nicht verfüttert werden sollten Grasschnitt oder gewürzte Küchenreste, sie bekommen den Tieren nicht.

Im Winter, wenn draußen Eis und Schnee herrschen und kein Grünfutter mehr zu finden ist, eignen sich selbstgezogene Sprossen hervorragend als Vitaminlieferant. Aus Vogelfutter bzw. Keimsaat (aus dem Bioladen) lässt sich mit Hilfe eines Keimglases innerhalb weniger Tage eine gesunde Abwechslung und Ergänzung zum Körnerfutter schaffen.

Besondere Leckerbissen

Hervorragende zusätzliche Proteinlieferanten sind kleine Insekten oder Mehlwürmer. Besonders beliebt sind Ameisen, die mit einer Schippe an verdeckter Stelle im Garten abgehoben und direkt mit der Erde in den Wachtelstall gegeben werden. Auch Kellerasseln, die oft und gerne unter Steinen oder Pflanztöpfen leben, sind sehr begehrt. Würmer sollten nicht verfüttert werden, da sie Überträger von Krankheiten sein können.

Unsere zahmen Wachteln kommen regelmäßig in den Genuss eines Ameisen-Spezial-Menüs: Wir nehmen sie aus dem Gatter und setzen sie in ein Beet oder auf den Rasen. Dann drehen wir in ihrer Nähe beliebig einige Steine der Beeteinfassungen um. Schon ein Fingerzeig sowie leichtes Klopfen auf den Boden genügten und sie kommen herbei gerannt. Sofort stürzen sie sich auf die flüchtende Ameisen- und Kleinlebewesenschar unter dem Stein und picken zunächst wie Bonbons die verpuppten Larven heraus. Das Erstaunliche dabei: je mehr die Wachteln picken, desto mehr Ameisen kommen aus den Gängen. Sind sie endlich gesättigt, bewegen sich unsere Hennen mit prall gefülltem Kropf gemächlich zurück zu ihrem Gatter und warten darauf, wieder zu ihren Artgenossen gesetzt zu werden. Ein putziges Ritual an lauen Sommerabenden!

Grit und Mineralstoffe

Als Grit bezeichnet man Silikate, Quarzite und Kalzite, die die Wachteln für ihre Verdauung benötigen. Sie picken dazu kleine Steinchen auf. Die Mineralien werden von der Magensäure aufgelöst und für den Knochenaufbau und die Eischalenbildung verwendet, die anderen Steinchen werden wieder ausgeschieden, nachdem sie den Verdauungstrakt durchlaufen haben. Die Tiere finden ausreichend Grit auf naturbelassenem Boden oder im Sandbad aus Vogel- bzw. Spielsand.

Wasser

Wachteln haben einen relativ hohen Wasserbedarf, da allein ein Ei zu 70% aus Wasser besteht, die Hennen also einen recht hohen Umsatz haben. Ihnen muss ständig frisches, sauberes Wasser zur Verfügung stehen. Offene Gefäße sind wenig geeignet, da Einstreu und Kot das Wasser schnell verunreinigen. Besser sind Stülptränken, die es in unterschiedlichen Größen im Tierfachmarkt gibt.

6. Brut

Früher oder später keimt sicherlich bei vielen Hobbyhaltern der Wunsch auf, eigene Wachtelküken heranzuziehen. Sie sind deutlich zahmer und sichern den legefähigen Bestand für die nächste Saison. Grundsätzlich ist zu beachten, dass Japanwachteln sehr empfindlich auf Inzucht reagieren. Schon in der zweiten oder dritten Generation innerhalb der gleichen Zuchtlinie lässt die Befruchtungs- und Schlupfrate erheblich nach. Embryos entwickeln sich nicht und viele Küken kommen missgebildet oder nicht lebensfähig auf die Welt. Ein regelmäßiger Austausch der Elterntiere ist daher erforderlich. Man sollte darauf achten, dass bei Neubeschaffungen entweder einige Hähne oder die Hennen ausgetauscht werden, um das Gruppengefüge möglichst wenig zu stören. Hennen kauft man am besten im Alter von sechs Wochen, dann stehen sie kurz vor dem Beginn ihrer Legetätigkeit und kommen innerhalb von ca. 3 Wochen auf ihre volle Legeleistung. Neue Hähne können etwa zwei Wochen jünger sein. Die Eingliederung fällt leichter, sie werden vom dem Rest der Schar als Jungtier gesehen und nicht als Eindringling attackiert. Ab einem Alter von etwa 10 Wochen eignen sich Jungwachteln als Zuchttiere, die höchste Fruchtbarkeitsrate liegt bei einem Alter von etwa 12 bis 15 Wochen.

Die Befruchtung erfolgt durch den so genannten Tretakt. Der Hahn macht zunächst einen möglichst langen Hals, streckt seinen Kopf in die Höhe und beobachtet aus dieser erhabenen Position heraus eine zeitlang seine Hennen. Er scheint sich geradezu eine der Damen auszusuchen. Plötzlich nimmt er Anlauf, springt auf seine Auserwählte, beißt sich in deren Nacken fest und drückt blitzschnell seine Kloake auf die der Henne.

Schon einen kleinen Moment später rutscht er oftmals unfreiwillig von dem glatten, runden Rücken der Henne ab und landet auf der Seite. Die Henne schüttelt sich kurz und beide gehen ihrer Wege. Ein amüsanter Anblick für den Beobachter!

Naturbrut ist bei Japanwachteln selten geworden. Zugunsten der hohen Legeleistung wurde der Bruttrieb "herausgezüchtet", ähnlich wie bei Legehühnern. Die Hennen wissen oft schlicht nicht mehr, wie der Nestbau geht und legen ihre Eier häufig dort, wo es gerade genehm ist. Gerne werden sie z.B. in die Sandschale gelegt. Wachteln aus naturnaher und artgerechter Haltung können dennoch zumindest Anzeichen eines Brutverhaltens zeigen.

Während der Brutzeit führen Wachtelpaare eine "Einehe". Der Hahn konzentriert sich zunehmend auf seine Herzensdame und beginnt, sie und das Legenest gegen Konkurrentinnen zu verteidigen. Es entsteht deutliche Unruhe im Stall. Für die Brutzeit sollte das Zuchtpaar daher separiert werden, nicht zuletzt um den anderen Hennen weniger Stress und eine ruhige Eiablage zu ermöglichen.

Die Brut wird durch beide Elternteile durchgeführt. Zwar erledigt die Henne den größten Teil der Nestbildung und der Brut, sie wird jedoch durch den Hahn unterstützt. Er verteidigt das Nest und "hudert" (also wärmt) später die Küken. Ein Gelege umfasst etwa 12-15 Eier, in wärmeren Gefilden brüten Japanwachteln bis zu dreimal im Jahr. Gelingt eine Naturbrut, sollten die Bedingungen im Stall für einige Wochen nicht verändert werden, das heißt auch, dass möglichst auf das Misten verzichtet werden sollte.

Aufgrund der insgesamt geringen Brutbereitschaft von hochgezüchteten Japanwachteln muss man (leider) meist auf Kunstbrut ausweichen, um der Natur wieder auf die Sprünge zu helfen. Grundsätzlich ist eine Nachzucht mit Hilfe eines kleinen Brutapparates verhältnismäßig einfach. Es ist immer wieder ein erstaunliches und spannendes Erlebnis, die winzigen Küken schlüpfen und aufwachsen zu sehen. Sind sie gesund, sind sie von Beginn an frech, aktiv, sehr neugierig und erkunden mit Eifer ihre Umwelt. Stundenlang hocken unsere Familienmitglieder jeden Alters dann vor der Aufzuchtkiste und beobachteten das emsige Treiben.

Allerdings kann eine hobbymäßige Zucht immer auch mit Rückschlägen verbunden sein. Wachtelküken sind in der Schlupfphase und in den ersten Lebenstagen sehr empfindlich.

Häufiger kommt es zu Todesfällen während oder kurz nach dem Schlupf. Gründe dafür können die genannten genetischen Defekte oder falsche Brutbedingungen sein wie z.B. zu wenig Luftfeuchtigkeit beim Schlupf, eine Störung in der Wärmekette, keine ausreichende Drehung der Eier während der Entwicklungsphase oder ähnliches. Solche Rückschläge nach der Zeit des Wartens mindern die Freude am eigenen Wachtelnachwuchs erheblich. Gerade für Kinder ist es oft nicht einfach, wenn Küken es nicht aus dem Ei schaffen oder die ersten Lebenstage nicht überleben. Tränen und Enttäuschung sind vorprogrammiert. Die eigene Nachzucht sollte für Wachtelhalter ohne einschlägige Erfahrungen daher (nicht zuletzt auch wegen der verhältnismäßig hohen Investitionskosten in einen Brutapparat) zumindest in der Anfangsphase gut überlegt und abhängig sein von den räumlichen und familiären Bedingungen.

Brutapparate unterscheidet man grundsätzlich in Flächen- und Schrank- bzw. Motorbrüter. Große Schrankbrüter werden in der Regel bei "Kükenmassenproduktionen" für gewerbliche Zwecke eingesetzt. Die Bruteier liegen in Etagen und werden automatisch durch Neigung der Schubladen in der Horizontalen und in der Vertikalen gedreht. Die Luftfeuchtigkeit und Temperatur werden voll automatisch reguliert, ein Ventilator sorgt für gleichmäßiges Klima im gesamten Brutraum. Kleinere Motorbrüter mit der gleichen technischen Ausstattung gibt es neuerdings auch für den Hobbybedarf. Bei einem Brutraum mit Platz für bis zu 50 Wachteleier kosten sie etwa 250-300 Euro.

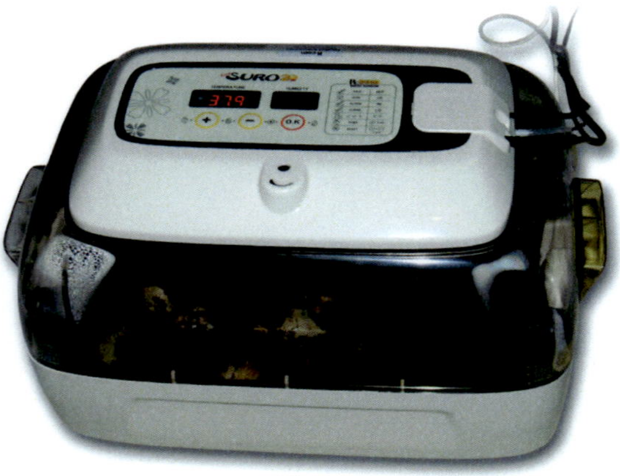

Bei einem Flächenbrüter handelt es sich meist um einen recht einfachen Kasten, häufig aus Styropor mit Fenstern, Thermostat und Heizspirale. Einige Modelle haben Vorrichtungen zum automatischen Rollen der Eier um die Längsachse. Die Luft ruht in der Kammer, die Luftfeuchtigkeit wird rein physikalisch durch Verdunstung aus Wasserrinnen auf dem Brüterboden erhöht.

In der Literatur findet man bisweilen Hinweise auf Schlupfbrüter. Hierbei handelt es sich entweder um einen Schrank- oder um einen Flächenbrüter, in den die Eier speziell für die letzten Tage vor dem Schlupf gegeben werden.

Bei geplanter Hobbynachzucht in kleinerem Rahmen empfiehlt sich nicht zuletzt aus Kostengründen zunächst ein Flächenbrüter, am besten ausgestattet mit der genannten Vorrichtung zum automatischen Wenden der Bruteier um die Längsachse. Der Rollmechanismus ist allerdings nicht zwingend erforderlich, die Eier müssen alternativ mehrfach am Tag von Hand gedreht werden.

Wir bekamen zu Beginn unserer Wachtelhaltung zunächst leihweise einen einfachen Flächenbrüter aus Styropor, der uns einige Jahre lang durchaus gute Dienste leistete. Erst später haben wir uns für einen kleinen Motorbrüter entschieden, um Temperatur- und Feuchtigkeitsschwankungen zu minimieren und einen "sichereren" Schlupf zu haben.

Auswahl der Bruteier

Wenn man ohne eigene Elterntiere mit einer Zucht beginnen möchte, besteht die Möglichkeit, sich Bruteier mit der Post schicken zu lassen. Bezugsquellen dazu findet man im Internet. Die Eier werden in stabilen Kartons geliefert und sollten mindestens 24 Std. ruhen, bevor sie in den Brutapparat eingelegt werden. Es muss allerdings damit gerechnet werden, dass die Schlupfrate durch widrige Transportbedingungen kleiner als erwartet ist.

Eier von eigenen Wachteln sammelt man zunächst über mehrere Tage und lagert sie bis zum Brutbeginn möglichst kühl bei ca. 7 – 13 Grad, bevorzugt in einem Kellerraum. Dabei die Eier (am besten direkt in einem Eierkarton) morgens und abends vorsichtig um 90 Grad drehen, damit das sich zuerst bildende Adernetz nicht an der Schale festklebt.

Die Eier vor dem Einlegen nicht waschen, da sonst der natürliche Schutzmantel der Eischale zerstört und schädlichen Bakterien Tür und Tor geöffnet wird. Sollte eine Verschmutzung entfernt werden müssen, dann lieber vorsichtig mit Sandpapier abschleifen oder besser noch ganz auf das Brutei verzichten und ein anderes auswählen. Bei der Auswahl geeigneter Bruteier sollten folgende weitere Kriterien beachtet werden:

- Ausgeglichene Eiform (keine Deformationen)
- Glatte, feste, saubere Schale ohne Kalkringe
- Nicht älter als 5-6 Tage.

Vor der Einlage besteht die Möglichkeit des Schierens, also des Durchleuchtens der Eier. Man versieht dazu einen einfachen Holzkasten mit einer kleinen ovalen Aussparung. In den Holzkasten positioniert man eine Arbeitsleuchte oder eine Haushaltsglühbirne mit Kabel. Im hellen Licht erkennt man eventuell vorhandene Blutflecken im Ei, kleine Risse in der Schale oder die falsche Lage der Luftblase. Bei einem einwandfreien Brutei befindet sich die Luftblase am stumpfen Pol. Das Schieren erfordert allerdings einige Erfahrung, da die schwarzen Flecken auf dem Ei sowie die dicke Schale die Beobachtungen verfälschen können.

Einlage der Eier

Ein Flächenbrüter muss über mindestens zwei Tage "vorgeheizt" werden, bis konstant die richtige Temperatur und die richtige Luftfeuchtigkeit im Innenraum herrschen. Wachtelküken benötigen für eine gesunde Entwicklung eine Temperatur von 38 - 38,5 Grad Celsius, gemessen an der Eioberkante. Wichtig ist, dass die Lufttemperatur gemessen wird, nicht die Temperatur an der Eischale! Zu niedrige Temperaturen im Brutapparat verzögern den Schlupftermin und mindern die Schlupfrate erheblich, zu hohe oder schwankende Temperaturen gerade in den ersten Tagen führen zum Absterben des Embryos oder zu verfrüht geschlüpften, unreifen Küken. Auch die Luftfeuchtigkeit spielt eine entscheidende Rolle für die optimale Entwicklung: Sie sollte während der ersten 14 Tage bei 55 - 60 % liegen.

Die Inkubationszeit beträgt 16 Tage. Das Drehen und Kühlen der Bruteier während dieser Zeit ist für die Entwicklung der Küken von enormer Wichtigkeit. Der Teil des Dotters, der mit der sich entwickelnden Keimscheibe in Berührung kommt, wiegt etwas weniger als der Rest, die Keimscheibe wandert also automatisch zur Eioberseite. Jede Wendung des Eis bringt die Keimscheibe innerhalb des Dotters zu neuen Nährstoffen. Diese Nährstoffversorgung durch Verlagerung ist so lange nötig, bis der Embryo über einen eigenen Blutkreislauf verfügt, der die Nährstoffversorgung regelt. Aber auch dann ist das Wenden unabdingbar, um das Festkleben des Embryos an der Eihaut zu verhindern. Unter natürlichen Bedingungen dreht die Henne ihre Eier etwa alle 15-20 Minuten, also etwa 72-96 Mal in 24 Stunden!

Für die Kunstbrut gilt: Werden die Eier überhaupt nicht gedreht, reduziert sich die Schlupfrate ganz erheblich bzw. geht gegen null. In den ersten 36 Stunden nach dem Einlegen sollte dennoch auf das Wenden verzichtet werden und der Brüter auch nicht geöffnet werden, da die Embryonen in dieser Anfangszeit besonders empfindlich auf Schwankungen in Temperatur und Luftfeuchtigkeit reagieren und absterben. Ab dem dritten Tag dreht man die Eier bei Verwendung eines Flächenbrüters mindestens zweimal täglich um die Horizontale und die Vertikale. Mit dem Drehen sollte ein leichtes Abkühlen der Eier einhergehen, dieses entspricht den natürlichen Bedingungen, wenn sich die Henne kurz vom Nest entfernt.

Bei Motorbrütern sind Kühlung und Wenden um die Vertikale nicht nötig. Die Eier werden am besten mit der Spitze nach unten in die Halterung eingesetzt.

In den letzten Tagen vor dem Schlupf werden die Eier nicht mehr gewendet, da sich das Küken in die Position zum Schlüpfen gebracht hat. Nach 14 Tagen wird der Rollenmechanismus aus dem Brüter entfernt und durch ein engmaschiges Gitternetz ersetzt. Die Eier sollten wiederum möglichst so auf dem Gitternetz positioniert werden, dass der stumpfe Pol mit der Luftblase etwas erhöht liegt, das Ei also eher auf der Spitze liegt. Das Küken hat es so leichter, die Eihaut zu durchstoßen und die Außenschale zu knacken. Den Brutapparat lieber etwas früher umrüsten als zu spät, um die Schlupfbedingungen möglichst sicher und lange konstant zu halten.

Eine zentrale Rolle spielt die Luftfeuchtigkeit zum erwarteten Schlupftermin. Ab dem 15. Tag ist sie unbedingt auf 80 – 90 % zu erhöhen, damit die Eischalen aufgeweicht werden und sich der Feuchtigkeitsgehalt im Ei erhöht. Der eigentliche Schlupf ist ein sehr kritischer Punkt. Die feste Schale und die dicke Eihaut machen es dem Küken lebensbedrohlich schwer, das Licht der Welt zu erblicken. Viele voll ausgebildete Küken durchstoßen mit dem Eizahn noch die Schale, schaffen aber nicht den Schlupf - sie entkräften und sterben. Eine leidvolle Erfahrung, die wir immer wieder und anfangs auch mit einer gesamten Brutcharge erleben mussten.

Temperatur

- 38 – 38,5 Grad (Lufttemperatur an der Eioberkante)

Luftfeuchtigkeit

- 55 – 60 % (Tag 1-14)
- 80 – 90% (Tag 15, 16)

Trotz der möglichen größten Versuchung den Brutapparat während des Schlupfes bitte nicht öffnen, auch wenn vielleicht schon ein zu früh geschlüpftes Küken da ist! Zwar kann die nötige Erhöhung der Luftfeuchtigkeit wie in manchen Quellen beschrieben schnell und unproblematisch durch einen Handsprüher mit warmen Wasser erfolgen, das feuchtwarme Milieu kann durch kurzes Öffnen trotzdem derart gestört werden, dass weitere Küken den Weg aus dem Ei nicht schaffen. Besser ist es, ein mit warmem Wasser getränktes Schwammtuch in einer Ecke zu platzieren, das bei Bedarf von außen durch ein Luftloch mit einer handelüblichen Injektionsspritze und warmem Wasser neu benetzt wird.

Der Schlupf der Küken erfolgt in der Regel wie auf Kommando innerhalb weniger Stunden, auch wenn Eier unterschiedlichen Alters eingelegt worden sind. Durch auch außerhalb des Brutapparates hörbare Piepslaute wird der Startschuss zum Durchbruch für alle Küken mehr oder minder gleichzeitig gegeben. Kreisförmig bohren sie sich mit ihrem Eizahn durch die Schale, immer wieder unterbrochen von Erholungsphasen.

Starke und gesunde Küken schaffen den Schlupf allein. Im Einzelfall ist jedoch, anders als bei Gänse- oder Hühnerküken, eine menschliche Geburtshilfe möglich, ohne dass das Küken größeren Schaden nimmt. Die Hilfe sollte sich allerdings nur auf Nachzügler beschränken, die bereits deutlich fortgeschritten im Schlupf sind und die Eischale durchbrochen haben. Sie können vorsichtig mit einer Pinzette oder mit den Fingerspitzen von der verbleibenen Eierschale befreit werden. Noch geschlossene oder nur leicht angepickte Eier sollten nicht geöffnet werden. Sie sind entweder nicht befruchtet oder aber das Küken ist nicht lebensfähig bzw. einfach zu schwach und/oder schwer fehlgebildet. Es stirbt einige Zeit später.

Allen Lehrbüchern und Informationsquellen zum Trotz mussten wir in unserem ersten Züchterjahr feststellen, dass sich Mutter Natur nicht immer nach Zahlen und Tabellen richtet:

Unser allererstes Küken kam auf die Welt wie ein Frühchen – völlig unvorbereitet und unerwartet. 3 Tage vor dem eigentlichen Schlupftermin knackte und knusperte es in unserem Flächenbrüter. Die Bedingungen für den Schlupf waren denkbar ungünstig: Die Eier wurden noch munter auf der Rollvorrichtung des Flächenbrüters gedreht, es gab kein Auffanggitter über den Wasserrinnen und die Luftfeuchtigkeit lag bei 60%. Trotz dieser widrigen Schlupfbedingungen schaffte es das Kleine wahrscheinlich mit einem gehörigen Drehwurm aus seiner Schale und stürzte auf den Boden. Da lag es nun mit nassen Füßchen neben der Wasserrinne, keine schöne Begrüßung im Leben!

Der kleine Kerl stammte aus einer Charge gekaufter Bruteier, wahrscheinlich war das Ei schon angebrütet bzw. vor dem Versand zu warm gelagert. Es geschah leider noch häufiger, dass nur ein einziges Küken geschlüpft ist. Die Kleinen haben es sehr schwer: Schon einige Stunden nach dem Schlupf schreien sie instinktiv ununterbrochen erbärmlich nach einem Muttertier oder nach Gefährten. Dabei sind sie so stimmgewaltig, dass bei einer hausnahen Unterbringung sogar die Nachtruhe in Gefahr ist.

Einzeln geschlüpfte Küken haben sehr schlechte Überlebenschancen. Lebensnotwenige Gesellschaft kann eine "Amme" schaffen, ein etwas größeres Jungtier, egal ob männlich oder weiblich. Nach einer kurzen Eingewöhnungszeit, in der die "Großen" sogar Angst vor dem Küken haben können, ertragen sie es scheinbar stoisch , dass sich das Pflegeküken beinahe ununterbrochen unter ihr Federkleid zu schieben versucht, sie auf Schritt und Tritt verfolgt oder in Ruhepausen über sie klettert. Zwar entwickelt ein größeres Tier kein echtes Huderverhalten, aber erfahrungsgemäß wird das Kleine auch nicht gehackt oder durch die Box gejagt. Die verzweifelten Schreie des Kükens weichen nach einiger Zeit zufriedenen Piepstönen und einem gesunden Heranwachsen steht nichts mehr im Wege.

7. Aufzucht

Sind die Küken endlich geschlüpft, sollten sie zunächst für einige Stunden im Brüter verbleiben. Durch den resorbierten Eidottersack haben sie ausreichend Nahrungsreserven, so dass sie sich unter den konstanten Bedingungen im Brüter zunächst etwas erholen und trocknen können.

Nach dieser Ruhephase werden die Küken in die vorbereitete Aufzuchtkiste umgesetzt. Das kann eine Holz- oder Kunststoffkiste mit ausreichend hohen Seitenwänden sein, so dass keine Zugluft entsteht.

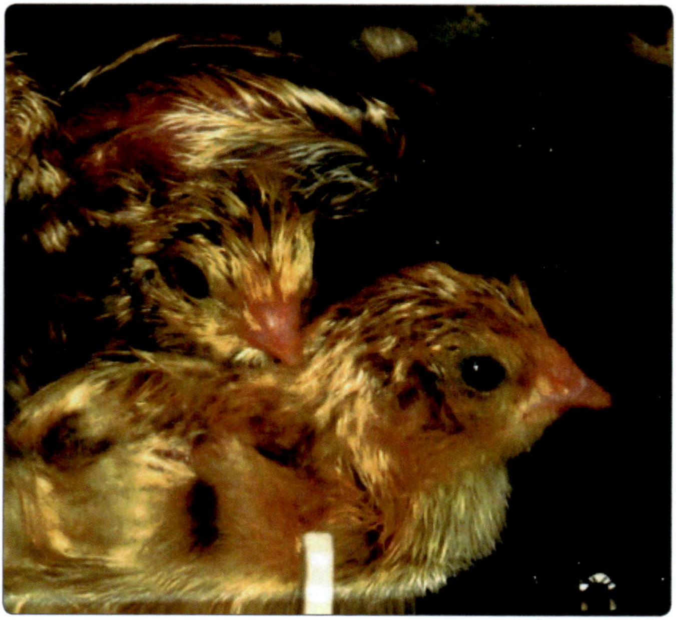

Die Kiste muss mit einer Wärmelampe versehen sein, da die Küken insbesondere in den ersten Lebenstagen sehr kälteempfindlich sind. Geeignet ist eine Infrarotlampe oder eine Glühbirne, die noch entsprechend Wärme abgibt (keine Energiesparleuchte). Die Temperatur unter der Lampe sollte mindestens 32, empfohlen jedoch 38 Grad betragen. Es ist gut erkennbar, ob unter der Lampe die richtige Temperatur für die Kleinen herrscht: Ist es zu kalt, liegen sie dichtgedrängt im Zentrum des Lichtscheins. Ist es zu warm, verteilen sie sich außerhalb des Lichtkegels. Im letztgenannten Fall sollte die Lampe höher aufgehängt oder gedimmt werden.

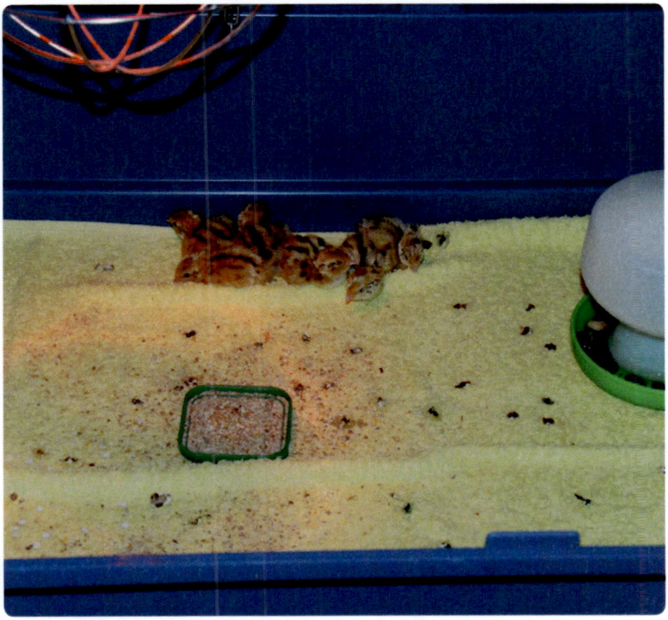

Auf Einstreu und/oder ein Sandbad sollte in den ersten Tagen verzichtet werden. Die Küken müssen zunächst lernen, ihr Futter zu erkennen. Finden sie Einstreu in der Aufzuchtkiste vor, fressen sie häufig diesen und verhungern so im wahrsten Sinne des Wortes am vollen Futtertrog. Zunächst können alter Frotteestoff (z.B. ein Handtuch), eine Schicht Küchenpapier oder ein Stück Raufasertapete auf dem Boden ausgelegt werden. Letztere ist allerdings etwas unhandlich beim Austausch.

Der Bodenbelag muss auf jeden Fall griffig sein, damit sich Beine und Hüftgelenke gesund ausprägen und kräftigen können. Manche Wachtelküken haben nach dem Schlupf Probleme mit den Läufen: Die Beine sind durch die Enge im Ei (noch) weit gespreizt und die Zehen verkrümmt. Dieses kann sich innerhalb der ersten Tage nur legen, wenn der Untergrund entsprechend rau ist.

Eines unserer Wachtelküken, das sich in der ersten Lebenswoche nur bäuchlings durch die Kiste schieben konnte, wurde durch den Bewegungsdrang der anderen derart angesteckt, dass es wieder und wieder übte und schließlich laufen lernte wie alle anderen. Schon in der zweiten Woche konnten wir es nicht mehr von den anderen unterscheiden.

Nach zwei bis drei Wochen sollte die Umstellung auf Einstreu erfolgen, wenn die jungen Wachteln sicher in der Nahrungsaufnahme geworden und flott auf ihren Beinchen unterwegs sind.

Naturgemäß verbringen die Kleinen in den ersten Tagen die meiste Zeit im Schlaf. Der Kopf sinkt immer wieder im Zeitlupentempo auf den Boden und oftmals kippt auch der ganze Körper. Das Küken liegt dann da wie tot, was gerade bei Neulingen unter den Züchtern manchmal zur Beunruhigung führt. Aber keine Angst: Die Schlafphasen halten nicht lange an, gesunde Küken sind einige Augenblicke später wieder munter und erkunden ihre Umgebung.

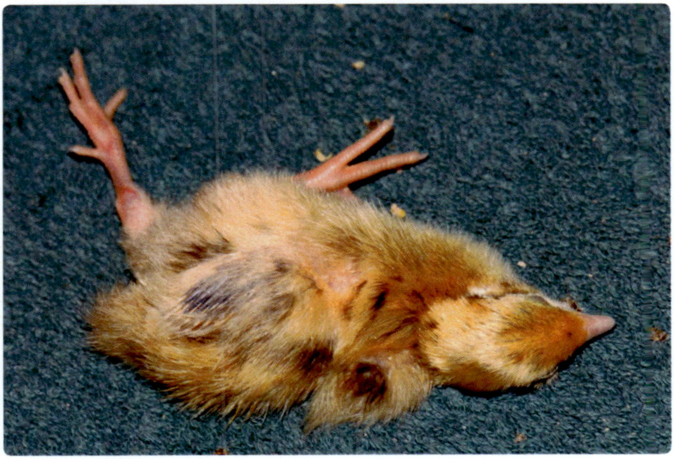

Als Futterspender reicht zunächst eine kleine Plastikschale mit niedrigem Rand, die im Hellen positioniert wird.

Während der ersten 8-10 Tage sollte in kurzen Abständen in kleinen Mengen gefüttert werden, da durch unbeholfenes Verhalten oder instinktives Scharren schon ab dem zweiten Tag viel Futter aus der Schale befördert wird. Der Futterverbrauch ist in Relation zu den kleinen Küken immens. Ein Stein in der Mitte der Schale verhindert Futtervergeudung und Kotverunreinigungen.

Wachtelküken haben einen enorm hohen Protein- und Vitaminbedarf, bedingt durch das angezüchtete schnelle Wachstum. Sie benötigen für eine gesunde Entwicklung ein Spezialfutter mit 24-26% Rohprotein. Fertiges Wachtelfutter für adulte Tiere hat einen Proteingehalt von etwa 20% Rohprotein, für die Kleinen definitiv zu wenig.

Spezielles Starterfutter nur für Wachtelküken lässt sich über das Internet beziehen, die einfachste und sicherste Methode. Ist Wachtelkükenalleinfutter nicht verfügbar, sollten Putenstarter oder sogenannter Prestarter verfüttert werden, dem ausreichend Nährstoffe und Rohproteine zugesetzt sind. Alternativ zu Fertigmischungen können gemahlene Haferflocken und gekochtes Eiweiß oder Magerquark gefüttert werden. Hier sehe ich jedoch die Gefahr einer Unterversorgung mit Mineralien und Spurenelementen, außerdem gestaltet es sich schwierig, die feuchte Haferflocken-Eiweiß-Mischung in kükengerechte Krümel zu zerkleinern.

Auf keinen Fall darf in den ersten Wochen Legemehl für Hühner gefüttert werden. Den Fertigmischungen sind häufig Coccidiostica zugesetzt, Futtermittelzusatzstoffe zur Verhinderung der der ernsten Geflügelkrankheit Coccidiose. Auch wenn Legehühnermehl von der Konsistenz her für die Küken geeignet erscheint, die Coccidiostica sind tödlich für die Kleinen!

Gute Dienste in der Kükenaufzucht leistet die Zufütterung von handelsüblichem Backmohn. Der Mohn fördert das Erlernen der Nahrungsaufnahme und verhindert Durchfallerkrankungen. Die schwarzen Körnchen sind beliebte Leckerbissen, auch für etwas ältere Tiere!

Die Entwicklung der Küken geht rasant schnell, man kann ihnen beim Wachsen quasi zugucken. Bei der Geburt wiegt ein Küken etwa 6-7 Gramm. Bereits nach etwa sechs Wochen es voll ausgewachsen mit einem Gewicht von über 100 Gramm.

Schon am dritten Tag erkennt man die ersten Schwungfedern, die wie kleine Puschel an den Flügelchen hängen.

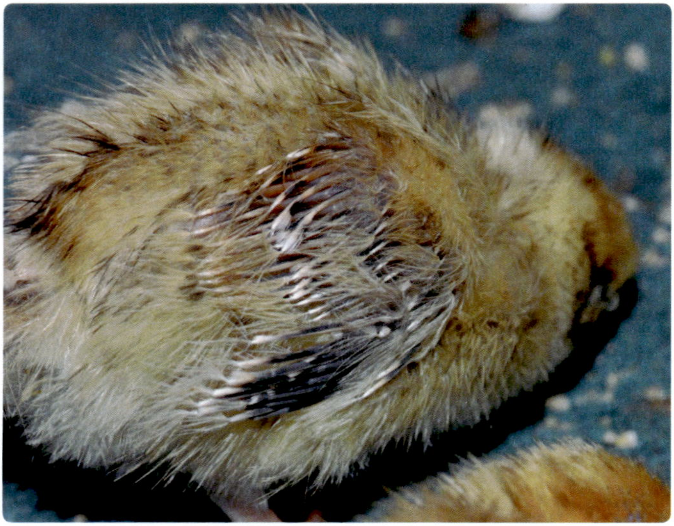

Die Kleinen werden jeden Tag aktiver, der Bewegungsradius um die Wärmequelle wird immer größer. Bald ist jeder Zentimeter der Aufzuchtkiste erkundet. Erste Flugversuche werden nach 7 -10 Tagen unternommen.

Die Wärmelampe wird 10-12 Tage benötigt, danach ist der Rücken zugefedert und das Federkleid insgesamt ausreichend entwickelt. Die Küken zeigen selbst, wann sie die Lampe weniger und schließlich gar nicht mehr benötigen. Sie halten sich kaum mehr darunter auf. Die Entwöhnung sollte trotzdem schrittweise erfolgen. Jeden Tag kann die Lampe etwas höher gehängt bzw. gedimmt oder aber für einige Zeit ganz ausgeschaltet werden.

Nach etwa 3 Wochen kann das Spezialfutter schrittweise durch normales Kükenaufzuchtfutter mit einem Rohproteingehalt von ca. 20% ersetzt werden. Der Futterwechsel sollte über 3-4 Tage erfolgen, um Verdauungsbeschwerden vorzubeugen. Wiederum drei Wochen später erfolgt die Umstellung auf das Legewachtelfutter.

Für die Kükenaufzucht gibt es im Fachhandel Stülptränken in entsprechender Größe. Allerdings ist unbedingt darauf zu achten, dass die Rinne nicht zu tief ist, die Küken sind anfangs so tapsig, dass sie darin ertrinken können. Die Tränke sollte zunächst mit kleinen Kieselsteinchen gefüllt oder mit einem weiten Drahtgeflecht abgedeckt werden, bis die Kleinen sicher genug sind.

Nach ca. 3 - 4 Wochen setzt die Jungtiermauser ein, die Küken verlieren ihre flauschigen Daunen. Eine Geschlechtserkennung ist bei Japanwachteln nach der Geschlechtsreife nach etwa 40 Tagen möglich.

Neben der Gefiederfärbung lässt sich das Geschlecht einfach durch einen Kloakentest prüfen. Die Wachtel wird mit beiden Händen auf den Rücken gedreht. Bei einem leichten Ziehen mit beiden Daumen erscheint bei Hähnen oberhalb der Kloake eine etwa nussgroße Ausstülpung, aus der bei leichtem Druck das schaumige Sperma austritt.

Im Alter von etwa vier Wochen können Küken aus Kunstbrut mit den älteren Tieren zusammengesetzt werden. Sie werden im Stamm als Jungtiere angesehen und weniger attackiert. Allerdings kann sich die Integration gerade junger Hähne sehr schwierig gestalten. Es kann viel Unruhe im Stall entstehen. Man sollte die Gewöhnung in Schritten, möglichst mit einer Abtrennung im Stall erfolgen lassen. Die neue Gruppe sollte genau beobachtet und ggf. schnell wieder getrennt werden, wenn der gesamte Stamm dauerhaft unruhig ist oder es zu ausufernden Rangordnungskämpfen kommt.

Wichtig ist auch eine Kennzeichnung der jungen Wachteln mit einem Ring oder einem Bändchen um den Lauf, denn schon nach kurzer Zeit hat man Schwierigkeiten, die Generationen auseinander zu halten.

Nach 38 – 40 Tagen legen junge Hennen die ersten Eier. Nach 50 Tagen liegt die Legeleistung bei 50%, nach 60 Tagen bei 75 – 80%. Überzählige Hähne haben mit etwa 60 Tagen ein ausreichendes Schlachtgewicht erreicht.

Was für eine kurze Kinder- und/oder Lebenszeit !

8. Krankheiten

Japanwachteln sind robust und wenig anfällig für Krankheiten. Die weitaus größere gesundheitliche Gefahr stellen Verletzungen dar, die sich insbesondere schreckhaftere Tiere zuziehen können, wenn sie ihrem Instinkt folgend bei einer Panik hochfliegen und sich durch den Aufprall an Wänden oder an der Decke blutende Verletzungen oder gar Brüche zuziehen. Es ist besonders darauf zu achten, mögliche Verletzungspotenziale zu minimieren, indem scharfe Kanten oder ungepolsterte Decken in der Behausung vermieden werden.

Wird eine Wachtel trotzdem einmal krank, leidet sie häufig unter Durchfall. Ursachen können Bakterien in unsauberem bzw. gespritztem Grünzeug oder auch Stress nach Ortsveränderungen sein. Durchfallerkrankungen äußern sich in schaumigem, hellbraunem Kot, sehr häufig abgegeben. Die Wachtel sitzt teilnahmslos und aufgeplustert mit eingezogenem Kopf in einer Ecke. Man sieht ihr die Beschwerden deutlich an. Bei einer Erkrankung ist es nicht zuletzt zum Schutz der anderen Tiere sinnvoll, das betroffene Tier zu separieren. Frisst es noch, kann Backmohn gefüttert werden. Grünfutter sollte weggelassen werden.

Ernsthafte Krankheiten entstehen neben Fütterungsfehlern meist durch Feuchtigkeit im Stall: Ein feuchtes Milieu bildet hervorragenden Nährboden für Parasiten und Würmer. Hier kann nur der Tierarzt mit entsprechenden Medikamenten helfen.

Ein weiteres Problem in der Wachtelhaltung können Kotballen sein, die sich an den Füßen bilden. Schlimmstenfalls können sie zu Abschnürungen an den Zehen führen. Feuchter Kot, Einstreu und kleine Steinchen bleiben an den Zehen haften und verhärten sich mehr und mehr zu kleinen Mistkugeln. Nach einiger Zeit sind diese Ballen so fest, dass sie sich ohne Hilfsmittel nur noch sehr schlecht lösen lassen. Bitte nicht mit Gewalt oder gar einer Zange oder Schere entfernen, Wachtelkrallen und -zehenglieder sind empfindlich!

Eine einfache Lösung ist es, die Wachtel mit den Füßchen unter warmes Wasser zu halten und zu warten, bis sich der Kotballen lösen lässt. Am besten entfernt man die Ballen zu zweit, eine Person hält die Wachtel mit beiden Händen, die andere löst die Verschmutzungen. Präventiv kann in einer Ecke des Stalles etwas Drahtgeflecht auf dem Boden angebracht sein. Die Wachteln stören sich daran nicht, im Gegenteil, festgetretener Kot lässt sich abstreifen, bevor er zu sehr verhärtet.

Abschließend sei an dieser Stelle erwähnt, dass seit 2003 jede Wachtelhaltung angemeldet werden muss, und sei es nur die aus Liebhaberei. Grundlage dafür ist die "Verordnung zum Schutz gegen die Verschleppung von Tierseuchen im Viehverkehr", kurz ViehVerkV. Danach hat gemäß §26 jeder, der "Rinder, (...) Wachteln oder Laufvögel halten will, dies der zuständigen Behörde oder einer von dieser beauftragten Stelle vor Beginn der Tätigkeit unter Angabe seines Namens, seiner Anschrift und der Anzahl der im Jahresdurchschnitt voraussichtlich gehaltenen Tiere, ihrer Nutzungsart und ihres Standortes, (...) anzuzeigen."

Eindeutig sind hier auch Hobbyhaltungen umfasst. Änderungen müssen ebenfalls unverzüglich mitgeteilt werden. Die zuständige Behörde, also die Tierseuchenkasse und/oder das Veterinäramt, erfasst die Tierhaltung und vergibt eine zwölfstellige Registernummer. Die fälligen Gebühren und das Anmeldeprocedere sind von Bundesland zu Bundesland und teils sogar von Landkreis zu Landkreis verschieden. Zuwiderhandlungen oder Unterlassungen sind jedoch überall mit Bußgeldern belegt, so dass die Anmeldung gerade in Zeiten auftretender Vogelgrippe (H5N1) oder Geflügelpest dringend vorgenommen werden sollte. Am besten, man erkundigt sich telefonisch beim Veterinäramt nach den regional geltenden Bestimmungen.

9. Heilwirkung von Wachteleiern

Wachteln und ihren Eiern werden seit mehreren tausend Jahren heilende Kräfte nachgesagt. Bereits vor etwa 3000 Jahren soll ein chinesischer Gelehrter mit der Grundlagenforschung begonnen haben. In der Naturmedizin des Mittelalters waren Heilprodukte rund um die Wachtel sehr verbreitet. Wachtelschmalz wurde bei Hornhautentzündungen angewendet, Wachtelsuppe bei Nierenschwäche, Blähungen oder einem verhärteten Bauch. Es gab verschiedene Rezepte gegen Genital- und Blasenleiden, Durchfall- und Magenerkrankungen und zur Behandlung von Wunden. Bei vielen Völkern galten Produkte von und mit Wachteln als Aphrodisiakum oder auch als Schönheitsmittel.

Ein neues Leben findet in einem Ei alles, was es zu seiner gesunden Entwicklung benötigt. Wachteleier sind (wie alle anderen Eier auch) wahre Kraftpakete der Natur.
Zum größten Teil besteht ein Ei aus Proteinen. Das Wort stammt vom griechischen "proteo" ab und bedeutet so viel wie "das Wichtigste". Allgemein werden Proteine auch als Eiweiße bezeichnet. Sie sind unverzichtbar für jeden Stoffwechsel, denn sie sind die Bausteine aller Körperzellen. Alles wird aus Proteinen aufgebaut. Gleichzeitig sind Proteine auch für den körpereigenen Gesundheitsschutz nötig. Sie werden gebraucht z.B. zur Bildung von Hormonen, roten Blutkörperchen, Enzymen, Antikörpern usw., die wiederum die Säulen für ein funktionierendes Immunsystem und den Transport von Nährstoffen und Sauerstoff im Blut bilden.

Bewiesen durch verschiedene internationale Studien haben Wachteleier für den Menschen folgende gesundheitsfördernde Wirkungsweisen:

- Steigerung des allgemeinen Wohlbefindens
- Stärkung der Abwehrkräfte und der Gedächtnisleistung
- Entgiftung und Entschlackung
- Anregung des Stoffwechsels
- Normalisierung des Blutdrucks
- Förderung einer regelmäßigen Verdauung
- Verminderung von Unruhezuständen
- Linderung der Beschwerden bei Allergien wie z.B. Bronchialasthma, Neurodermitis, Heuschnupfen, Rhinitis, Ekzeme etc.

1968 – 1978 beispielsweise wurde in Frankreich eine Studie durchgeführt, bei der etwa 800 Patienten von verschiedenen Ärzten (Allergologen, Kinder- und Allgemeinärzten) mit Wachteleiern behandelt wurden. Mit der Behandlung auf Basis der Einnahme von bis zu neun Wachteleiern täglich wurde bei 60-80% der Probanden eine beachtliche Besserung der Beschwerden festgestellt. Bei Kindern zwischen 5 und 10 Jahren, die ebenfalls in den Versuch einbezogen wurden, lag der Prozentsatz sogar bei 88%.

Bei einer ähnlichen Studie mit 2000 Probanden, die 1987 in Dänemark zur Untersuchung der Heilwirkung von lyophilisierten (gefriergetrockneten) Wachteleiern bei Allergien durchgeführt wurde, ergab sich in 85% der Fälle nach der Behandlung eine wesentliche Besserung oder Heilung.

Basis für die Beschwerdelinderung ist, dass das Eiweiß der Wachteleier die Bildung von Histamin verhindert, indem die Zellen gegen die allergieauslösenden Stoffe desensibilisiert werden.

In Japan werden Wachteleier aufgrund medizinischer Studien im Zusammenhang mit den Hiroshima-Opfern zur Behandlung der Strahlenkrankheit und bei anderen gesundheitlichen Problemen eingesetzt.

Nährwerte

100 Gramm Wachtelei (also etwa 8 Stück) enthalten nach einer Untersuchung von M.M. Shanaway aus dem Jahr 1994 folgende Nährwerte:

- 150-160 Kalorien
- 74,25% Wasser
- 13,17% Protein
- 11,04% Fett
- ca. 1,02% Kohlehydrate
- Asche 1,11%
- Calcium 59 mg
- Phosphor 220 mg
- Eisen 3,8 mg
- Thiamin 0,12 mg
- Riboflavin 0,85 mg
- Niacin 0,1 mg
- Vitamin A 300 IU

sowie Vitamin A, die Vitamine der B-Gruppe sowie die Vitamine D, E und K, Biotin, Folsäure und Enzyme. Ein Wachtelei ist voll von ungesättigten essentiellen Fettsäuren, die vom Menschen nicht selbst synthetisiert werden können und daher mit der Nahrung aufgenommen werden müssen. Der Cholesteringehalt ist mit 2,1% etwas höher als bei einem Hühnerei (1,26%). Lange Zeit waren Eier allgemein im Verruf, den Cholesterinspiegel zu erhöhen und damit in größeren Mengen gesundheitsschädlich zu wirken.

Neuere Untersuchungen haben jedoch ergeben, dass die Ursachen für zu hohe Cholesterinwerte in anderen Bereichen zu suchen sind. Man weiß heute, dass der Cholesteringehalt im Essen bei der Regulation der Blutfette nur eine untergeordnete Rolle spielt. Die WHO empfiehlt inzwischen sogar einen regelmäßigen Verzehr von 10 Hühnereiern pro Woche (entspricht 40 Wachteleiern)! Nur wenn der Cholesterinwert im Blut bereits zu hoch ist, macht es Sinn, den Konsum von Eiern insgesamt zu begrenzen und auf eine Ernährung auszuweichen, die sich mehr aus pflanzlichen und weniger aus tierischen Nahrungsmitteln zusammensetzt.

Anwendungshinweise

Sollen frische Wachteleier zu Heilzwecken eingesetzt werden, empfiehlt sich der ROHE VERZEHR am besten auf nüchternen Magen. Dieses mag einem zunächst gewöhnungsbedürftig erscheinen, aber nur im rohen Zustand sind die wertvollen Stoffe wirksam. In verschiedenen Erfahrungsberichten liest man von wesentlichen Verbesserungen des Gesundheitszustandes bzw. Linderungen der Beschwerden, wenn dreimal am Tag je fünf Wachteleier zu sich genommen werden. Die Eier werden verquirlt und mit Milch oder Saft und je nach Geschmack mit Zucker oder Vanillezucker gesüßt über mehrere Wochen bzw. Monate eingenommen.

Als Vorsichtsmaßnahme gegen Infektionen wie z.B. durch Salmonellen würde ich beim rohen Verzehr nur solche Eier verwenden, bei denen das Alter und die Herkunft genau bekannt sind.

Wer sich spezieller mit Inhaltsstoffen und Wirkungsweise der Wachteleier beschäftigen möchte, dem das kleine Büchlein "Heilwirkung der Wachteleier" von Siegrid Hirsch empfohlen.

10. Verträglichkeit bei Allergien

Allergien nehmen in unserer Gesellschaft stetig und besorgniserregend zu. Schon die Kleinsten reagieren immer häufiger auf vermeintlich gesunde Nahrungsmittel und Stoffe aus ihrer Umgebung. Man geht davon aus, dass mittlerweile 1-2 Prozent aller Kinder betroffen sind. Auch Erwachsene können urplötzlich und dauerhaft Allergien entwickeln und dadurch in ihrer Lebensqualität erheblich eingeschränkt sein. Der allergieauslösende Stoff – das Allergen – ist dabei für sich gesehen harmlos, nur stuft ihn das Immunsystem eines Allergikers als Fremdstoff ein. In der Folge läuft es meist direkt auf Hochtouren, um den vermeintlichen Eindringling zu bekämpfen. Dafür nutzt es Antikörper im Blut, die so genannten Immoglobuline (kurz IgE). Das IgE verbindet sich mit dem Allergen und bildet einen Komplex, der wiederum die Ausschüttung des Botenstoffs Histamin im Körper zur Folge hat. Histamin bewirkt die gefürchteten Schwellungen, Rötungen, den Juckreiz oder andere Reaktionen. Neurodermitis, Asthma, Heuschnupfen und andere allergische Reaktionen beeinträchtigen die Gesundheit des Betroffenen massiv und schmälern ein unbeschwertes Leben.

Ein wesentliches Allergierisiko beinhaltet unsere Ernährung. Kuhmilch und Hühnereiweiß zählen zu den schlimmsten Allergieauslösern. Zwar braucht man nicht unbedingt Hühnereier für eine ausgewogene und gesunde Ernährung, der Verzicht auf alle Produkte, in denen "verstecktes" Hühnereiweiß als Binde- oder Färbemittel zu finden ist, ist jedoch häufig mit dem Verzicht auf viele leckere Speisen verbunden.

Die beste und oftmals einzige Therapie bei einer Hühnereiweißallergie besteht nun mal leider in der strengen Vermeidung von Produkten, in denen Hühnereiweiß enthalten ist.

Glücklicherweise "verwachsen" sich Nahrungsmittelallergien bei Kindern in den ersten sechs Lebensjahren häufiger, bei allen Einschränkungen ein Funken Hoffnung für die Betroffenen. Es entwickelt sich eine Toleranz, die inzwischen sogar wissenschaftlich bewiesen ist.

Erstaunlicherweise vertragen viele Hühnereiweiß-Allergiker die Eier anderer Vogelarten. Offenbar reicht es, dass die Zusammensetzung der Inhaltsstoffe ein klein wenig anders ist. So ist es durchaus möglich, dass jemand bereits Reaktionen zeigt, wenn er oder sie ein Hühnerei nur aufschlägt, der Verzehr von Wachteleiern aber unproblematisch möglich ist.

Es hilft nur vorsichtiges Ausprobieren zum Beispiel mit einem Provokationstest. Eiklar bzw. Eidotter eines Wachteleis werden auf den Arm oder den Rücken aufgebracht. Oft kann nach kurzer Zeit ein Hinweis darauf erlangt werden, ob Wachteleier möglicherweise besser verträglich sind als Hühnereier.

Als Fazit lässt sich festhalten: So individuell wie die allergische Reaktion ist auch die Verträglichkeit von Alternativstoffen. Wachteleier sind keine Pauschallösung bei einer Hühnereiweißallergie, können aber durchaus die Alternative sein!

11. Verwendung der Eier

Grundsätzlich werden Wachteleier nicht anders zubereitet als Hühnereier, aufgrund ihrer Größe und Beschaffenheit hier aber einige Besonderheiten für die Aufbewahrung und Zubereitung:

Farbe und Sprenkelung der Eier sind kein Qualitätsmerkmal. Sie sind von Henne zu Henne unterschiedlich und differieren sogar innerhalb eines Geleges. Ursprünglich als Tarnung gedacht, ist jedes Ei einzigartig, die Variationen reichen von dunkelbraun zu blau oder weiß, mit braunen, schwarzen oder blauen Sprenkeln.

Die Eischalenpigmente bilden sich erst etwa 3 Stunden vor der Ablage aus, bei ganz frischen Eiern lassen sie sich teilweise noch verwischen.

Wachteleier werden übrigens häufig nachmittags oder abends gelegt.

Verschmutzte Eier nicht waschen, da dann die Schutzschicht der Schale zerstört wird und die Eier schneller verderben.

Nach japanischen und indischen Studien sind Wachteleier länger haltbar als Hühnereier, weil die Schale dicker ist. Im Kühlschrank sind sie nach diesen Untersuchungen 60 Tage ohne wesentliche Veränderung und bis zu 78 Tage in einem akzeptablen Zustand haltbar!

Frischetest bei Eiern aus Hobbyhaltung:

Ein Gefäß mit Wasser füllen und das Wachtelei hinein geben. Jedes Ei hat eine Luftblase am stumpfen Pol, die sich mit zunehmendem Alter vergrößert, da durch die Schale Feuchtigkeit entweicht. Bleibt das Ei am Boden, ist es frisch. Entsteht eine Schräglage, d.h. dass der stumpfe Pol sich Richtung Wasseroberfläche neigt, ist das Ei etwa eine Woche alt, aber genießbar. Steigt das Ei an die Oberfläche, ist es verdorben.

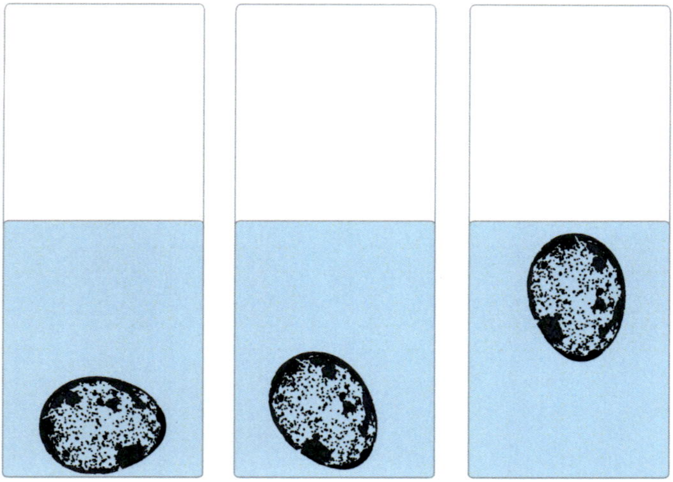

Bei gewerblich produzierten Eiern kann es u.U. vorkommen, dass die Luftblase durch Lagerungs- und Transportbedingungen künstlich beeinflusst wurde. Sie entspricht nicht dem tatsächlichen Alter des Eis. Dies lässt sich erst beim Aufschlagen feststellen: Ein frisches Ei hat ein deutlich gewölbtes Dotter mit einer festen Membran und ein festes Eiklar mit zwei verschiedenen Zonen. Ein altes Ei ist im Dotter flacher und platzt schneller auf, das Eiklar läuft weiter auseinander.

Hartgekochte Eier müssen vor dem Kochen nicht angestochen werden, die Schale ist stabil genug. Nach Möglichkeit keine ganz frisch gelegten Eier verwenden, da Eihaut und Eiweiß noch stark miteinander verbunden sind und sich die Eier kaum schadlos pellen lassen. Die gewünschte Anzahl am besten mit Zimmertemperatur in das Wasser geben, dann platzen sie nicht. Sollte doch mal eins platzen, schnell etwas Salz oder Essig in das kochende Wasser geben, dann gerinnt das Eiweiß schneller.

Kochzeit ca. 4 Minuten.
Rührt man gelegentlich um,
wird das Eigelb zentriert.

Soll nur eine kleine Anzahl für Dekozwecke gekocht werden, kann man diese schnell und energiesparend in einem Teesieb im Wasserkocher zubereiten.

Zum Schälen die Eier auf einem Küchenpapier rollen bis die Schale bröckelt. Am besten lassen sie sich pellen, wenn sie noch warm und in Wasser gelagert sind. Zum Schluss unter fließendem Wasser die letzten Schalenreste entfernen.

Hartgekochte Eier halten sich im Kühlschrank etwa eine Woche. Die Haltbarkeit wird erhöht, wenn die Eier nach dem Kochen nicht abgeschreckt werden, denn so bleibt die Schutzschicht gegen Keime besser erhalten. Dass sich Eier durch das Abschrecken leichter schälen lassen, ist ein Mythos. Ob es sich gut oder schlecht schälen lässt, liegt allein am Alter.
Bei älteren Eiern geht die Schale leichter ab. Abschrecken macht nur bei weich gekochten Eiern Sinn: Man kühlt das Ei rasch ab, damit das Eigelb nicht nachträglich gerinnt.

Spiegeleier: Das Ei vorsichtig anklopfen, dann die Eihaut extra mit einem spitzen Messer durchstoßen. Sie ist so dick, dass anderenfalls das Eigelb beim Aufschlagen beschädigt werden kann. Sollen mehrere Eier zubereitet werden, empfiehlt es sich, zunächst alle in einen tiefen Teller aufzuschlagen und dann gemeinsam in eine gefettete Pfanne gleiten zu lassen. So erhält man ein optisch ansprechendes "Riesenspiegelei" mit mehreren Augen. Spiegeleier erst nach dem Fertigbraten würzen, sonst entstehen unschöne Flecken auf den Dottern. Sofort servieren, schon nach recht kurzer Zeit fallen die Spiegeleier in sich zusammen und verlieren ihre Appetitlichkeit.

Verlorene Eier: Die Eier einzeln auf eine Untertasse aufschlagen, nacheinander vorsichtig in kochendes Salz-Essigwasser gleiten lassen. Etwa vier Minuten kochen, mit einer Schaumkelle herausnehmen. Geeignet als Suppeneinlage oder angerichtet mit einer Senf- oder Currysoße.

Wachteleier lassen sich gut in einem Alufolienkörbchen auf dem Grill garen oder sind dekorativ z.B. auf einem Raclette-Pfännchen.

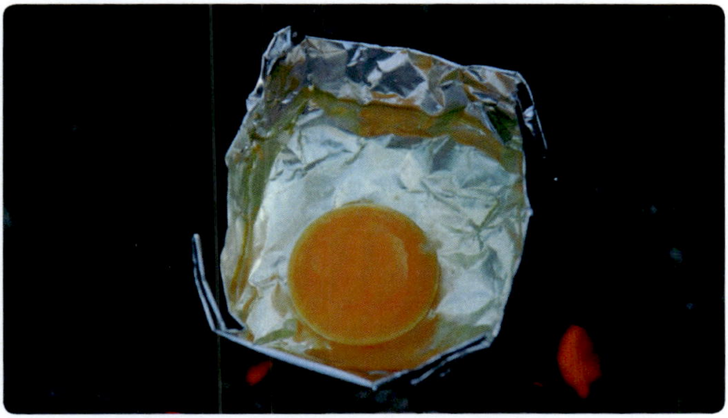

Alternativ kann man auch eine gefettete Silikonbackform für Muffins oder Minikuchen nehmen, schlägt das Ei hinein und lässt es ca. 5 Minuten bei 150 Grad stocken. Ein Ei gerinnt bei 70 Grad Celsius, die Temperatur im Backofen daher nicht zu hoch wählen!

Backrezepte: Hühnereier lassen sich in der Rezeptur problemlos durch Wachteleier ersetzen. Man rechnet 4 Wachteleier für ein Hühnerei. Gibt man zu einem Hefeteig ein Wachtelei (auch evtl. außerhalb der vorgeschlagenen Rezeptur), erhält der Teig ein appetitliches, goldgelbes Aussehen und wird lockerer.

Das Eidotter färbt auch herzhafte Speisen gelb und ist gut geeignet zum Sämigmachen von Soßen oder Binden z.B. von Klößen oder Frikadellen.

Rohes Eiklar und Eigelb können im Kühlschrank bis zu vier Tage gelagert werden. Dazu etwas Wasser in das Gefäß geben, damit die Oberfläche nicht eintrocknet. Das Wasser vor der weiteren Verwendung abschütten.

Wachteleierpilze

- *8 Wachteleier*
- *8 Cocktailtomaten*
- *etwas Mayonnaise bzw. Mirakel Whip*
- *Einige Zweige glatte Petersilie*

Die Eier hartkochen und abpellen. Die Cocktailtomaten halbieren und eine Hälfte aushöhlen. An den Wachteleiern mit einem scharfen Messer oben und unten die Spitzen kappen um mehr Standfestigkeit der "Pilze" zu erreichen. Die ausgehöhlten Tomatenhälften auf die Eier setzen. Erst kurz vor dem Servieren mit einer Einwegspritze oder mit einem Stäbchen kleine Punkte auf die Deckel setzen. Auf einem Petersilienbett garnieren.

Leichter Eierdip

- *24 Wachteleier*
- *3 EL Miracel Whip Balance*
- *3 EL Naturjoghurt*
- *1 TL Salz*
- *1 TL Zucker*
- *1 TL Olivenöl*
- *1 Spritzer Balsamico-Essig weiß*
- *½ Bund frischer Schnittlauch*
- *Reichlich frisch gemahlener Pfeffer*

Die Wachteleier hart kochen, pellen, erkalten lassen und in kleine Stückchen schneiden. Aus den übrigen Zutaten eine cremige Soße rühren und vorsichtig mit den Eiern vermengen. Über Nacht ziehen lassen.

Tomatensuppe mit Wachtelei-Einlage

- *10 reife Tomaten bzw. 2 Dosen gehackte Tomaten*
- *1 Scheibe geräucherter Bauchspeck*
- *Tomatenmark*
- *Frische Gartenkräuter (Schnittlauch, Petersilie, Thymian, ggf. Knoblauch)*
- *Salz, Pfeffer*
- *Etwas Sahne zum Verfeinern*

Die Tomaten enthäuten und mit Wasser und der Bauchspeckscheibe aufsetzen. Bei geringer Wärmezufuhr ca. 10 Minuten köcheln lassen. Anschließend den Bauchspeck herausnehmen und die Suppe nach Bedarf pürieren. Zum Schluss würzen und die frischen Kräuter hinzugeben. Wachteleier hart kochen, pellen und halbieren. Erst unmittelbar vor dem Servieren mit einer Gabel in die heiße Suppe geben und garnieren.

Vorsicht: Bei dünnflüssiger Suppe gehen die Eier schnell unter!

Gefüllte Eier

- *10 Wachteleier*
- *1 EL Mayonnaise bzw. Mirakel Whip*
- *1 EL Tomatenmark*
- *Salz, Pfeffer, frische Kräuter*

Die hart gekochten Eier vorsichtig halbieren und mit einem Teelöffel das Eigelb herauslösen. Die Hälfte der Eigelbe mit Mayonnaise oder Mirakel Whip sowie Salz und Pfeffer zu einer cremigen Masse verrühren. Auf eine Einwegspritze (50 ml) aufziehen und die Masse in die Eier zurückgeben. Die andere Hälfte der Eigelbe und etwa ein Esslöffel Tomatenmark verrühren und kräftig würzen. Die Masse in die verbliebenen Eihälften füllen und nach Belieben mit Kräutern garnieren.

Pochierte Wachteleier

Pochierte Eier eignen sich hervorragend als Einlage z.B. in eine Bouillon oder Gemüsesuppe.
Nur ganz frische Eier lassen sich pochieren. Die Eier sollten kühlschrankkalt sein. Aus Frischhaltefolie Quadrate ausschneiden und flache Tassen damit so auskleiden, dass die Folie an den Seiten überhängt. Etwas Salz und nach Geschmack edelsüßes Paprikapulver in die Tasse geben. Anschließend die Wachteleier jeweils einzeln in die Tassen aufschlagen. Die Frischhaltefolie an den Ecken mit einem Gummiband zu einem Beutel verschließen. Diese Päckchen in einen kleinen Topf mit siedendem Wasser geben und ca. 2 Minuten garen. Nach der Zubereitung können pochierte Eier in kaltem Wasser aufbewahrt und kurz vor Gebrauch erwärmt werden. Vorsicht: Sie stocken dann etwas nach, also nicht zu heiß und nicht zu lange erwärmen.

Wachteleier süß-sauer eingelegt

- *½ Liter Wasser*
- *2 EL Senfkörner*
- *1 cl Essig-Essenz*
- *3 EL Zucker*
- *1 kl Lorbeerblatt*
- *5 Körner Piment*
- *10 Körner Pfeffer*
- *10 Wachteleier*

Die Gewürze im Wasser 20 Minuten köcheln lassen, bis sich das Aroma entfaltet hat. Abkühlen lassen und in ein Glas mit Schraubverschluss oder Einweckglas einfüllen. Die Wachteleier hart kochen, pellen und in den kalten Sud einlegen. 4-6 Tage im Kühlschrank ziehen lassen. Eine würzige Bereicherung der Buffettafel oder zur Verwendung in einer Senfsoße mit Kartoffeln.

Soleier

- *8 Wachteleier*
- *1 Liter gesalzenes Wasser*

Die Wachteleier hart kochen und abkühlen lassen. Inzwischen das Wasser mit etwa 5 Tl Salz kochen und abkühlen lassen. Die Eier etwas anschlagen, damit die Schalen Risse bekommen und in ein hohes Glasgefäß geben. Mit der kalten Salzlake begießen. Mindestens zwei Tage ziehen lassen, dann die Eier pellen und servieren.

Wachtelspiegelei auf Chorizo-Toast

- *6 Scheiben Baguette*
- *1 Stück Chorizo-Salami*
- *6 Wachteleier*
- *Paprikapulver, Salz, Pfeffer*
- *Petersilie zum Garnieren*

Die Chorizo-Salami diagonal in dünne Scheiben schneiden, die Baguettescheiben von beiden Seiten goldbraun toasten. Eine beschichtete Pfanne mit einem in Öl getauchten Küchentuch auswischen und die Wachteleier als Spiegeleier zubereiten. Auf die mit den Salamischeiben belegten Baguettescheiben geben und nach Belieben mit Petersilie garnieren. Sofort servieren.

Pangasius-Filet in Wachtelei-Hülle

- *2 -3 Pangasius-Filets*
  (oder nach Geschmack anderes Fischfilet)
- *Mehl zum Wenden*
- *5-7 Wachteleier*
- *Salz und Pfeffer*

Die Fischfilets abtupfen und würzen. 5-7 Wachteleier in einem Teller aufschlagen, die Filets zunächst in Mehl, dann in den Wachteleiern wenden. Bei mittlerer Hitze braten bis die Filets goldbraun sind. Dazu Salat und Baguette reichen.

Rosmarin-Kartoffeln mit Wachteleiern

- *14 große Kartoffeln*
- *1 EL Kräuteröl*
- *1 Zweig Rosmarin*
- *Salz, Pfeffer*
- *4 Wachteleier*

Die Kartoffeln schälen und halbieren. Mit einem Teelöffel in vier der Hälften kleine Vertiefungen schnitzen. Alle Kartoffeln außen und innen dünn mit Kräuteröl bestreichen, leicht salzen und pfeffern. Auf ein mit Backpapier ausgelegtes Backblech geben. Die Rosmarinblättchen vom Stengel lösen und auf den Kartoffeln verteilen. Im vorgeheizten Backofen bei 170 Grad auf unterer Schiene ca. 25 Minuten backen. Etwa 5 Minuten vor Ende der Garzeit das Blech herausholen und in die vier ausgehöhlten Kartoffelhälften je ein Wachtelei aufschlagen. Stocken lassen und sofort servieren.

Wachtelei-Spaghettini-Nester mit Rucola auf Parmaschinken

- *4 Scheiben Parmaschinken*
- *100 Gramm Spaghettini*
- *200 Gramm Rucola-Salat*
- *Grünes oder rotes Pesto*
- *4 Wachteleier*
- *Salz Pfeffer, Paprikapulver*
- *Parmesankäse*

Die Spaghettini in gesalzenem Wasser bissfest kochen und abtropfen lassen. Eine Auflaufform fetten und die Schinkenscheiben gleichmäßig darin verteilen. Die Nudeln noch heiß in Portionen auf die Schinkenscheiben geben und durch Drehen mit einer Gabel zu kleinen Nestern formen. In der Mitte eine Vertiefung lassen. Anschließend den Rucola-Salat waschen und zerkleinern und mit der Pestosoße vermengen. Ggf. mit Olivenöl und frisch geriebenem Parmesankäse verfeinern. Die Rucola-Pesto-Mischung auf den Nestern verteilen und jeweils ein Wachtelei aufgeschlagen in die Mitte geben. Im vorgeheizten Backofen 15 Minuten bei 200 Grad backen, bis die Eier gut durchgestockt sind.

Grüne Soße mit Wachteleiern

Die Eier hart kochen und pellen. Vier Eier klein schneiden. Die Kräuter mit einem Pürierstab zerhexeln und die kleingeschnittenen Eier dazugeben. Die Masse mit Mirakel Whip, Schmand und Joghurt vermischen und mit Salz und Pfeffer abschmecken. Mit den übrigen gekochten, halbierten Eiern und Salzkartoffeln servieren. Dazu passt sehr gut gekochter Tafelspitz.

- *1 Paket Frankfurter-Grüne-Soße-Kräuter oder alternativ je ein Bund frische Petersilie, Schnittlauch, Dill, Estragon, Kerbel, Liebstöckel, Pimpernelle, Kresse u. Borretsch*
- *12 Wachteleier*
- *1 Becher Schmand*
- *3 EL Mirakel Whip*
- *1 großer Becher Naturjoghurt*
- *Pfeffer, Salz*

Hackbällchen mit Überraschung

- *15 – 20 Wachteleier*
- *1000 Gramm Rinderhackfleisch*
- *1 eingeweichtes Brötchen*
- *8 Wachteleier oder 2 Hühnereier*
- *1 Prise Paprikapulver*
- *1 knapper Teelöffel Salz*
- *1 kleine Zwiebel, sehr fein gehackt*
- *Pfeffer und nach Belieben Knoblauch*

Die Wachteleier hart kochen und schälen. Das Hackfleisch mit den genannten Zutaten vermengen und zunächst flache Frikadellen formen. Jeweils ein Wachtelei in die Mitte geben und zu einem Oval formen. Den Hackfleischmantel nicht zu dünn wählen, damit er beim Braten nicht einreißt. Mit mittlerer Hitze langsam garen, dabei immer wieder wenden. Ergibt ca. 15-18 Bällchen, die zum Beispiel mit einer Tomatensoße serviert werden können.

Mousse von Edelfischen mit Wachteleiern

- *100 Gramm Räucherlachs*
- *50 Gramm Räucheraal*
- *50 ml. Schlagsahne*
- *1 TL Tomatenmark*
- *1-2 Eßl. Creme Fraiche*
- *Cayennepfeffer*
- *8 Wachteleier*

Den Fisch in kleine Stücke schneiden und zusammen mit den übrigen Zutaten pürieren. Mit Cayennepfeffer und Tomaten würzen, Creme Fraiche hinzugeben. Über Nacht kaltstellen. Mit einem heißen Löffel Nocken ausstechen und auf einer Platte anrichten. Wachteleier hart kochen, pellen und zwischen die Nocken geben.

Falscher Hase mit Wachteleiern

- *500 Gramm gemischtes Hackfleisch*
- *1 kleine Zwiebel*
- *1 eingeweichtes Brötchen*
- *1/8 l kaltes Wasser*
- *½ Bund glatte Petersilie*
- *Salz, Pfeffer, evtl. Knoblauch*
- *4 verquirlte Wachteleier*
- *6 gekochte und gepellte Wachteleier für die Füllung*

Die Zwiebel schälen, sehr fein hacken und mit den übrigen Zutaten (bis auf die gekochten Eier) zu einem Fleischteig verkneten.

Einen länglichen Braten formen, die hartgekochten Eier in die Mitte setzen und mit einem Teil des Fleisches bedecken. Am besten gart man den Braten in einer Kastenform, damit er seine Form nicht verliert. Auf der mittleren Schiene im vorgeheizten Backofen bei 200 Grad etwa 45 Minuten braten. Der Falsche Hase schmeckt warm oder kalt zu einem Kartoffelsalat oder auf einem Brötchen.

Wachteleierlikör

- *10 Eidotter*
- *125 Gramm Zucker*
- *100 ml Sahne*
- *50 ml Milch*
- *½ Schnapsglas Cognac*
- *1 Stück Vanilleschote oder ein Päckchen Vanillezucker*
- *50 ml Alkohol (95 – 98%)*

Eigelb und Zucker schaumig schlagen, dann die Sahne dazugeben. Die Milch mit dem Vanillezucker aufkochen und erkalten lassen. Zum Eigelb-Zucker-Gemisch geben und zum Schluss langsam unter Rühren den Alkohol zufügen. Kühl lagern und über Nacht ziehen lassen.

Tipp: Zum Trennen der Eier den stumpfen Pol mit einem Messer abschlagen und das Eigelb in einen Teelöffel gleiten lassen.

Ergibt ca. 350 ml

12. Und übrigens...

... bezeichnet der Begriff **SPINATWACHTEL** nach Wikipedia umgangssprachlich eine ältere oder alte Frau, der Schrulligkeit unterstellt wird oder die sich durch einen hageren und schmalen Körper auszeichnet. Der Begriff ist seit etwa 1850 bezeugt und geht wohl auf die süddeutsche Redewendung "spinnete Wachtel" zurück. "Spinnet" bedeutete sowohl verrückt als auch spindeldürr.

... gibt es die so genannten **WACHTELBOHNEN**. Diese Gartenbohnenart, die auch als Pintobohne bekannt ist, verdankt ihren Namen der Ähnlichkeit zu Wachteleiern. Die mittelgroßen länglichen Bohnenkerne sind beige mit rot-braunen Sprenkeln. Die Zeichnung verliert sich allerdings, wenn man sie kocht. Wachtelbohnen stammen aus den USA, sind aber vor allem aus der mexikanischen Küche bekannt. In New Mexiko sind Wachtelbohnen neben der Chilifrucht sogar offizielle Gemüsesorte.

▪ ▪ ▪ findet man in den USA und in Belgien zu Ostern Wachteleier, die mit Karamell- oder Haselnusscreme gefüllt sind. Die Herstellung ist so kompliziert, d … Eier nur in exquisiten Geschäft … angeboten werden.

▪ ▪ ▪ haben wir zum Thema auch ein altes deutsches **Sprichwort** gefunden:

„Freiheit geht vor Gold sprach die Wachtel und flog ins Holz".

▪ ▪ ▪ hier noch einige **Übersetzungen** für den Begriff Wachtel:

Englisch	Quail
Dänisch	Vagtel
Holländisch	Kwakkel und Kwartel
Italienisch	Quaglia
Französisch	Caille
Türkisch	Bildircin
Spanisch	Codorniz
Lateinisch	Quaquila
Lettisch	Paipal

13. Stichwortverzeichnis

14. Quellennachweis

Lektüre:

Wachteln - Zucht und Haltung,
Rudolf Kiwitt, Eugen Ulmer KG, 2006

Wachteln,
Friedel Bernhardt und Armin Kühne,
Eugen Ulmer KG, 2007

Heilwirkung der Wachteleier,
Siegrid Hirsch, Freya Verlag KG, 2001

Wachteln, Rebhühner, Steinhühner, Frankoline,
Heinz-Sigurd Raethel, Verlag Oertel und Spörer,
2001

Eierrezepte und Eiergerichte – eine leckere Abwechslung,
International Book Sales Establishment, 1990

Die Japanischen Zuchtwachteln,
Informationen und Erfahrungen über die Pflege und Zucht
der Japanischen Lege- und Mastwachteln,
Armin Kühne, Broschüre, 2008

Quail Production Systems, A review by M.M. Shanaway,
Food an Agricuture Organisation of the UN, Rome 1994

Savage, JH et al.: The natural history of egg allergy,
Allergy Clin Immunol, USA, Dezember 2007

Zeitschrift "Clinique" Nr. 22, Seite 2-4, 15.03.1978

Internet:

www.landtreff.de

www.huehner-info.de

www.sawax.de

www.aerztepedia.de

www.gesundheit.de

www.wikipedia.de

www.essen-und-trinken.de

Impressum

Die Autorin

Nina Dittmann ist 1969 in Flensburg geboren. Sie und ihr Mann halten seit vielen Jahren Wachteln in ihrem Reihenhausgarten. Von Anfang an legten sie besonderen Wert auf eine möglichst naturnahe und artgerechte Haltung und bauten sich einen großen Erfahrungsschatz rund um die Hobbyhaltung von Japanischen Legewachteln auf.

Bildnachweis

Alle Fotos in diesem Buch wurden von Detlef Dittmann aufgenommen.

Das Layout wurde von Bastian Dittmann erstellt.

Die Zeichnung stammt von Thorben Wenzel (10 Jahre)